高等学校信息安全专业系列教材

信息安全法律法规教程

（第二版）

主　编　李月琴

参　编　李晓峰　　王燕妮

西安电子科技大学出版社

内 容 简 介

本书紧跟时代步伐，介绍了国家和各部委部门发布的重要信息安全法律法规并且对其进行了分类和分析，其中包含了最新发布的相关法律法规内容。

本书首先对信息安全与信息安全涉及的法律问题和立法、司法及执法组织进行了介绍，并介绍了世界主要国家及我国信息安全法律规范的发展和体系；然后重点对我国现有的、国家和各部委发布的信息安全法律法规进行了较为详细的分类介绍，包括网络安全法、个人信息保护法以及其他国家层面的重要法律；最后对信息安全国家行政法规、互联网络安全管理和其他有关信息安全的法律法规进行了介绍。

本书可以作为信息安全专业、网络安全专业或计算机科学与技术专业本科学生"信息安全法律法规"课程的教材，也可以作为其他信息类专业学生或信息安全从业人员的参考书，还可供相关领域人员查阅。

图书在版编目 (CIP) 数据

信息安全法律法规教程 / 李月琴主编 . -- 2 版 . -- 西安：西安电子
科技大学出版社 , 2025. 1. -- ISBN 978-7-5606-7570-1

Ⅰ. D922.17

中国国家版本馆 CIP 数据核字第 202595K4H1 号

策　　划　秦志峰
责任编辑　秦志峰
出版发行　西安电子科技大学出版社 (西安市太白南路 2 号)
电　　话　(029) 88202421　88201467　　　　邮　　编　710071
网　　址　www.xduph.com　　　　　　　电子邮箱　xdupfxb001@163.com
经　　销　新华书店
印刷单位　陕西天意印务有限责任公司
版　　次　2025 年 1 月第 2 版　　　　　2025 年 1 月第 1 次印刷
开　　本　787 毫米 × 1092 毫米　1/16　　印 张　11.5
字　　数　243 千字
定　　价　38.00 元

ISBN 978-7-5606-7570-1

XDUP 7871002-1

*** 如有印装问题可调换 ***

前　言

　　当前，新一轮科技革命的加速演进，使得大数据、云计算、人工智能等新技术新应用层出不穷，这对我国网络和信息安全的管理提出了更高的要求，进而加速了我国信息安全法律法规的进一步完善和更新。本书第一版自 2022 年 8 月出版发行以来，受到了广泛的关注和认可，被全国各地多所高校选作相关课程的指定教材，先后加印四次。两年中，编者在感恩读者厚爱的同时，也在实际的相关教学工作中对本书第一版进行了逐步完善，以期不负众望。

　　本版修订的主要内容有：对书中涉及的国家在近两年进行修订的法律法规进行了更新，包括《中华人民共和国保守国家秘密法》《中华人民共和国计算机信息网络国际联网管理暂行规定》《商用密码管理条例》《互联网上网服务营业场所管理条例》等；补充了新发布和第一版中未包含的较为重要的信息安全法律法规，如《中华人民共和国反电信网络诈骗法》《关键信息基础设施安全保护条例》等；删除了 2023 年 9 月废止的《计算机信息系统安全专用产品检测和销售许可证管理办法》。另外，本版还对全书内容进行了进一步的梳理和完善，如对第二章中的立法、司法和执法组织等法律基本常识进行了适当的补充，特别是对我国的基本情况进行了较为明确和详细的说明，增加了对重要法律意义的分析，调整了个别章节的顺序等。

　　本书所涉及的法律法规均选自 2024 年 8 月 1 日前公开发布的法律法规和相关规范性文件。

　　本书前六章由李月琴老师修订，第七章由李晓峰老师修订，第八章由王燕妮老师修订。本书的再版得到了西安电子科技大学出版社和北京联合大学相关部门和老师的大力支持，在此对所有为本书提供帮助和支持的同仁和朋友们表示衷心的感谢！

　　由于编者能力所限，书中难免存在不妥或疏漏之处，敬请广大读者谅解并给予指正。

编　者

2024 年 9 月

目　录

第一章　信息安全概述与信息安全涉及的法律问题

1.1　信息安全概述

1.1.1　信息的概念与特征

信息 (Information)、材料和能源是人类社会赖以生存和发展的基础。信息是指音讯、消息、通信系统传输和处理的对象，泛指人类社会传播的一切内容。人们通过获得、识别自然界和社会的不同信息来区别不同事物，进而认识和改造世界。科学家说，信息是不确定性的减少，是负熵。安全专家说，信息是一种资产，它意味着一种风险。经济管理学家认为，信息是提供决策的有效数据。

在一切通信和控制系统中，信息是一种普遍联系的形式。1948 年，数学家香农在《通信的数学理论》一文中指出："信息是用来消除随机不定性的东西。"控制论创始人诺伯特·维纳 (Norbert Wiener) 认为："信息是人们在适应外部世界，并使这种适应反作用于外部世界的过程中，同外部世界进行互相交换的内容和名称。"创建一切宇宙万物的最基本单位是信息。

因此，信息就是客观世界中各种事物的变化和特征的最新反映，是客观事物之间联系的表征，也是客观事物状态经过传递后的再现。信息是通过在数据上施加某些约定而赋予这些数据的特殊含义。一般意义上的信息是指事物运动的状态和方式，是事物的一种属性，在引入必要的约束条件后可以形成特定的概念体系。在通常情况下，我们可以把信息理解为消息、信号、数据、情报和知识等。

信息是无形的，不能独立存在，必须依附于某种物质载体。信源、信宿、信道是信息的三大要素。信息可以被创建、输入、存储、输出、传输 (发送、接收、截取)、处理 (编码、解码、计算)、销毁。信息系统是信息采集、存储、加工、分析和传输的工具，是各种方法、过程、技术按一定规律构成的一个有机整体。信息可通过多种形式存在或传播，它可以存储在计算机、磁带、纸张等介质中，也可以记忆在人的大脑里，还可以通过网络、打印机、传真机等进行传播。

信息具有客观性、存储性、共享性、可控性等特点，可以被获取、识别、处理、转换、传送、存储、搜索、利用、控制，并可以转化为能量而创造价值，还可以使物质和能源得到合理配置，发挥最佳效能，从而使社会经济得到发展。

对于现代企业来说，信息是一种资产，具有价值。信息资产包括计算机和网络中的数据，还包括专利、标准、商业机密、文件、图纸、管理规章等。就像其他重要的商业资产那样，信息资产具有重要的价值，因而需要对其进行妥善保护。

信息是有生命周期的，从其创建或诞生到使用和操作，到存储，再到传递，直至销毁或丢弃，在其各个环节和阶段都应该对其进行安全保护，也就是说，应该保护信息存在的各种状态，不可以有所遗漏。

1.1.2　安全的简单概念

安全 (Security) 是指人类整体与生存环境资源和谐相处，互不伤害，不存在危险隐患，是免除了使人感觉难受的损害和风险的状态，是在人类生产过程中，将系统的运行状态对人类的生命、财产、环境等可能产生的损害控制在人类不感觉难受的水平以下的状态。

可见，安全是指不受威胁的状态，即没有危险、危害和损失，其内涵是人和物都在良好的状态之中。没有危险是安全的特有属性，也是其基本属性。虽然安全是指不受威胁，不出事故，不受侵害，但是不受威胁，不出事故，不受侵害并不一定就安全，这是因为某些不安全状态也可能有"不存在威胁"或"不受威胁"的属性。例如，当某一主体没有受到外部威胁却因内在因素而不安全时，不受威胁便成了这种特殊情况下不安全的属性，这是一种不受威胁或没有威胁状态下的不安全。

安全与危险是对立的。危险一定不安全，安全可能存在风险，但是一定不危险；危险不等同于有风险，有风险并不代表不安全，只要威胁、隐患、损害等在人们的可接受范围内，就可以认为其是安全的。例如，在工作、生活等环境中，风险是无处不在的（如开车、乘飞机、操作设备等)，但是不能因为这些风险的存在就认为不安全。面对风险是否有对策？对策是否有效？对策是否已落实？这才是判断安全的有效方法。没有风险的安全状态几乎不存在，不能一味地追求没有风险，而应尽量避免风险。

安全具有空间属性和时间属性，在空间和时间同时具备的情况下，会产生安全状态或者危险状态；空间和时间二者不同时具备时，也会产生安全状态或者危险状态。也就是说，安全是具有空间和时间属性的，二者对立或者统一时必然产生安全或者不安全状态。没有危险的状态是安全，而且这种状态是不以人的主观意志为转移的，因而是客观的。无论是安全主体自身，还是安全主体的旁观者，都不可能仅仅因为对于安全主体的感觉或认识不同而真正改变主体的安全状态。

"没有危险"作为一种客观状态，不是一种实体性存在，而是一种属性，因而它必然依附一定的实体。当安全依附于个人时，那么便是"个人安全"；当安全依附于国家时，那么便是"国家安全"；当安全依附于世界时，那么便是"世界安全"。这样一些承载安全的实体，也就是安全所依附的实体，可以说就是安全的主体。客观的安全状态必然依附于一定的主体。在定义"安全"时，必须把安全是一种属性而不是一种实体这一特点反映出来。因此可以进一步说：安全是主体没有危险的客观状态。

安全是人类的本能欲望，人们一向以安心、安身为基本人生观，并以居安思危的态度促其实现。因而安全是教育的一个重要环节。我国新时代国家安全体系总体国家安全观包括 16 种安全：政治安全、国土安全、军事安全、经济安全、文化安全、社会安全、科技安全、网络安全、生态安全、资源安全、核安全、海外利益安全、生物安全、太空安全、极地安全、深海安全。

1.1.3　信息安全的定义

国际标准化组织 (ISO) 对于信息安全 (Information Security) 给出的定义是：为数据处理系统建立和采取的技术及管理的安全保护，保护计算机硬件、软件、数据不因偶然及恶意的原因而遭到破坏、更改和泄露。信息安全是一个广泛而抽象的概念，不同领域、不同方面对其概念的阐述都会有所不同。建立在网络基础之上的现代信息系统，其安全定义较为明确，即保护信息系统的硬件、软件及相关数据，使之不因为偶然或者恶意侵犯而遭受破坏、更改及泄露，保证信息系统能够连续、可靠、正常地运行。在商业和经济领域，信息安全主要强调的是消减并控制风险，保持业务操作的连续性，并将风险造成的损失和影响降到最低程度。

信息作为一种资产，是企业或组织进行正常商务运作和管理不可或缺的资源。从国家最高层次来讲，信息安全关系到国家的安全；对组织机构来讲，信息安全关系到组织机构的正常运作和可持续发展；就个人而言，信息安全是保护个人隐私和财产的必然要求。因此，无论个人、组织还是国家，保持关键信息资产的安全性都是非常重要的。

信息安全是指在信息的产生、传输、使用、存储过程中对信息载体 (处理载体、存储载体、传输载体) 和信息的处理、传输、存储、访问提供安全保护，以防止数据信息内容或能力被非法使用、篡改。信息安全涉及信息论、计算机科学和密码学等多方面的知识，它研究的是计算机系统和通信网络内信息的保护方法。

1.1.4　信息安全的基本属性

信息安全的基本属性包括保密性、完整性、可用性、可控性和不可否认性。

1. 保密性

保密性 (Confidentiality) 又称机密性，是指保证信息为授权者享用而不泄露给未经授权的个人、用户、实体或过程，强调有用信息只被授权对象使用的特征。保密性是在可用性的基础上，保障信息安全的重要手段。军用信息的安全尤其注重信息的保密性 (相比较而言，商用信息更注重信息的完整性)。

2. 完整性

完整性 (Integrity) 是指信息在存储或传输过程中保持不被修改、不被破坏、不被插入、不延迟、不乱序和不丢失的特性，即保证信息从真实的发信者传送到真实的收信者手中，传送过程中没有被非法用户添加、删除、替换等。对于军用信息来讲，完整性被破坏可能就意味着延误战机、自相残杀或闲置战斗力。破坏信息的完整性是对信息安全发动攻击的最终目的。

3. 可用性

可用性 (Availability) 是指保证信息和信息系统随时为授权用户提供服务，保证授权用户对信息和资源的使用不会被不合理地拒绝，即保证授权用户能对数据进行及时可靠的访问，在需要时可以立即获得所需的信息。对可用性的攻击就是阻断信息的可用性，如破坏网络和有关系统的正常运行就属于这种攻击。

4. 可控性

可控性 (Controllability) 是指授权机构可以随时控制信息的机密性，即出于国家和机构的利益与社会管理的需要，保证管理者能够对信息实施必要的控制管理，以对抗社会犯罪和外敌侵犯。美国政府所提倡的密钥托管、密钥恢复等措施就是实现信息安全可控性的例子。

5. 不可否认性

不可否认性 (Non-Repudiation) 又称不可抵赖性或抗抵赖性，是面向通信双方 (个人、实体或过程) 信息真实同一的安全要求，包括收、发双方均不可抵赖，是指人们要为自己的信息行为负责，提供保证社会依法管理需要的公证、仲裁信息证据。

这五个基本属性是信息安全的核心原则和目标，在实际应用中，通过综合考虑和实施这些属性，制定相应的安全策略和措施，有利于确保信息的安全和保护。

1.1.5　保障信息安全的三大支柱

信息及其辅助程序、系统和网络是重要的商业资产。信息的保密性、完整性和有效性对于组织保持竞争能力、资金流动、盈利率和商业形象都十分关键。

各种组织和它们的信息系统及网络面临着来自四面八方的安全威胁。这些威胁的来源有计算机诈骗、间谍活动、蓄意破坏、火灾和水灾等。当前，能够损坏信息的因素 (比如计算机病毒、计算机黑客和拒绝服务) 越来越常见，越来越富于挑战性，并且越来越复杂。各种组织依赖于信息系统及其服务，这意味着它们更容易受到安全威胁。公众网络和私有网络的互相连接与信息共享增加了实现访问控制的难度。

信息安全威胁包括被动攻击、主动攻击、内部人员攻击和分发攻击，因此，保障信息安全，无论对一个国家还是组织而言，都是一项复杂的系统工程，需要多管齐下、综合治理。

目前，信息安全技术、信息安全法律法规和信息安全标准是保障信息安全的三大支柱。

1. 信息安全技术

信息安全技术主要在技术层面上为信息安全提供具体的保障。目前，主要的信息安全技术有数据加密技术、防火墙技术、网络入侵检测技术、网络安全扫描技术、黑客诱骗技术、病毒诊断与防治技术、密码技术、身份管理技术、权限管理技术、本地计算环境安全技术等。信息安全技术的发展经历了通信保密、计算机安全、信息安全和信息保障等阶段。

需要注意的是，尽管信息安全技术的应用在一定程度上对信息安全起到了很好的保护作用，但并不是万能的，由于疏于管理而引起的安全事故仍然在不断发生。

2. 信息安全法律法规

国家、地方以及相关部门针对信息安全的需求，通过制定与信息安全相关的法律法规，从法律层面上来规范人们的行为，使信息安全工作有法可依，使相关违法犯罪得到处罚，促使组织和个人依法制作、发布、传播和使用信息，从而达到保障信息安全的目的。目前，我国已建立起较全面的信息安全法律法规体系，但随着信息安全形势的发展，信息安全立法的任务还非常艰巨，许多相关法规还有待建立和进一步完善。

3. 信息安全标准

建立统一的信息安全标准，目的是为信息安全产品的制造、信息安全系统的构建、企业或组织安全策略的制订、安全管理体系的构建以及安全工作的评估等提供统一的科学依据。目前，企业安全标准大致可分为信息安全生产标准、信息安全技术标准和信息安全管理标准三大类。国际标准的制定主要侧重于信息安全管理，国内标准的制定则主要侧重于信息安全生产和信息安全技术。

在 TCSEC(可信计算机系统评估标准) 中，美国国防部按信息的等级和应用采用的响应措施，将计算机安全从高到低分为 A、B、C、D 四类八个级别，共 27 条评估准则。其中，D 为无保护级，C 为自主保护级，B 为强制保护级，A 为验证保护级。

由英国标准协会信息管理委员会制定完成的安全管理体系 BS 7799 标准包括两部分：信息安全管理实施规则和信息安全管理体系规范。信息安全管理实施规则作为基础指导性文件，主要由开发人员作为参考文档使用，从而在内部实施和维护信息安全。该实施规则包括 10 大管理要项，36 个执行目标，127 种控制方法。信息安全管理体系规范详细说明了建立、实施和维护信息安全管理系统的要求，指出实施组织需要遵循某一风险评估来鉴定最适宜的控制对象，并对自己的需求采取适当的控制。

我国的信息安全标准主要有 GB/T 15843 系列、GB/T 15851.3—2018、GB/T 15852.1—2020 等，标准众多，格式基本一致。

随着信息技术的不断发展和信息安全形势的变化，不但信息安全标准的数量在不断增加，许多标准的版本也在不断更新。

1.2　信息安全涉及的法律问题

信息安全所涉及的法律问题主要包括犯罪、民事问题和隐私问题等。

1.2.1 犯罪

1. 犯罪的概念

《中华人民共和国刑法》（以下简称《刑法》）第二章第十三条对犯罪做了如下定义：一切危害国家主权、领土完整和安全，分裂国家、颠覆人民民主专政的政权和推翻社会主义制度，破坏社会秩序和经济秩序，侵犯国有财产或者劳动群众集体所有的财产，侵犯公民私人所有的财产，侵犯公民的人身权利、民主权利和其他权利，以及其他危害社会的行为，依照法律应当受刑罚处罚的，都是犯罪。

但是，根据《刑法》的规定，下列两种情况不认为是犯罪：

(1) 情节显著轻微危害不大的，不认为是犯罪（《刑法》第十三条）；

(2) 行为在客观上虽然造成了损害结果，但是不是出于故意或者过失，而是由于不能抗拒或者不能预见的原因所引起的，不是犯罪（《刑法》第十六条）。

关于犯罪的概念，存在形式概念、实质概念、混合概念三种定义方式。依据我国《刑法》的规定，我国采取的是形式与实质相结合的混合概念，这一概念是对各种犯罪现象的理论概括，不仅揭示了犯罪的法律特征，而且阐明了犯罪的社会政治特征，从而为区分罪与非罪的界限提供了原则标准，即犯罪就是依照法律应当受到刑罚处罚的危害社会的行为。

2. 犯罪的特征

从以上定义可以得出，犯罪具备三个特征：社会危害性、刑事违法性与应受处罚性。

(1) 社会危害性：《刑法》之所以将某些行为规定为犯罪，就是因为这些行为具有社会危害性，这是犯罪的本质特征。

(2) 刑事违法性：根据罪刑法定原则，只有当一个人的行为符合《刑法》分则规定的犯罪构成时，才能认定为犯罪。

(3) 应受处罚性：某种危害社会的行为同时又触犯《刑法》，就应当承担受刑罚处罚的法律后果。因此，应受刑罚处罚是犯罪的基本特征之一，但是法院可依法裁量对犯罪人不实际适用刑罚。例如，《刑法》规定，对于犯罪中止没有造成损害结果的，应当免除处罚；对于犯罪情节轻微的，可以免予刑事处罚等。在这种场合，行为人虽然没有被法院实际判处刑罚，但其行为构成了犯罪。

3. 犯罪的构成要件

犯罪的构成要件是指《刑法》规定的对行为的社会危害性及其程度具有决定意义的，而为该行为成立犯罪所必需的诸事实特征。依照《刑法》规定，决定某一具体行为的社会危害性及其程度，为该行为构成犯罪所必需的一切客观和主观要件的有机统一，是使行为人承担刑事责任的根据。

任何一种犯罪的成立都必须具备四个方面的构成要件，即犯罪主体、犯罪主观方面、犯罪客体和犯罪客观方面。

(1) 犯罪主体：实施危害社会的行为、依法应当负刑事责任的自然人或单位。

(2) 犯罪主观方面：犯罪主体对自己危害行为及其危害结果所持的心理态度。行为人的罪过 (包括故意和过失) 是一切犯罪构成都必须具备的主观方面要件，有些犯罪的构成还要求行为人主观上具有特定的犯罪目的。

(3) 犯罪客体：《刑法》所保护而为犯罪所侵犯的社会关系。

(4) 犯罪客观方面：犯罪活动的客观外在表现，包括危害行为、危害结果。某些特定犯罪的构成还要求行为人的行为发生在特定的时间、地点或者损害特定的对象等。

了解犯罪的构成要件有助于区分罪与非罪、此罪与彼罪，对准确、合法、及时地同犯罪作斗争，切实有效地保障公民的合法权益，保障无罪者不受非法追究，具有重要意义。

4. 犯罪的分类

犯罪类型是刑法学和犯罪学研究中对各种犯罪的分类，根据不同的目的和需要而有所不同。我国《刑法》规定了 10 类犯罪：

(1) 危害国家安全罪；

(2) 危害公共安全罪；

(3) 破坏社会主义市场经济秩序罪；

(4) 侵犯公民人身权利、民主权利罪；

(5) 侵犯财产罪；

(6) 妨害社会管理秩序罪；

(7) 危害国防利益罪；

(8) 贪污贿赂罪；

(9) 渎职罪；

(10) 军人违反职责罪。

另外，犯罪类型根据犯罪所侵犯的客体可分为财产犯罪 (经济犯罪)、性犯罪、职务犯罪等；根据犯罪的行为方式可分为暴力犯罪、非暴力犯罪；根据犯罪者的组织状况可分为集团犯罪、团伙犯罪、一般共同犯罪。

5. 计算机犯罪的概念

计算机犯罪是指行为人通过计算机操作所实施的危害计算机信息系统 (包括内存数据及程序) 安全，以及其他严重危害社会的并应当处以刑罚的行为。计算机犯罪产生于 20 世纪 60 年代，随着计算机技术的发展和计算机应用的日益普及，到 21 世纪初，计算机犯罪日益猖獗，越来越受到各国的重视。

关于计算机犯罪，我国公安部计算机管理监察司给出的定义是：计算机犯罪是在信息活动领域中，利用计算机信息系统或计算机信息知识作为手段，或者针对计算机信息系统，对国家、团体或个人造成危害，依据法律规定，应当予以刑罚处罚的行为。

计算机犯罪分为三大类：

(1) 以计算机为犯罪对象的犯罪，如行为人针对个人电脑或网络发动攻击，这些攻击包括非法访问存储在目标计算机或网络上的信息，非法破坏这些信息，窃取他人的电子身份等。

(2) 以计算机作为攻击主体的犯罪，其常见的犯罪行为包括黑客攻击、特洛伊木马控制程序、蠕虫病毒、传播病毒和逻辑炸弹攻击等。

(3) 以计算机作为犯罪工具的传统犯罪，如使用计算机系统盗窃他人信用卡信息，通过连接互联网的计算机存储、传播淫秽信息等。

6.《刑法》中关于计算机犯罪的规定

《刑法》中关于计算机犯罪的规定有如下条款：

第二百八十五条 【非法侵入计算机信息系统罪】违反国家规定，侵入国家事务、国防建设、尖端科学技术领域的计算机信息系统的，处三年以下有期徒刑或者拘役。

【非法获取计算机信息系统数据、非法控制计算机信息系统罪】违反国家规定，侵入前款规定以外的计算机信息系统或者采用其他技术手段，获取该计算机信息系统中存储、处理或者传输的数据，或者对该计算机信息系统实施非法控制，情节严重的，处三年以下有期徒刑或者拘役，并处或者单处罚金；情节特别严重的，处三年以上七年以下有期徒刑，并处罚金。

【提供侵入、非法控制计算机信息系统程序、工具罪】提供专门用于侵入、非法控制计算机信息系统的程序、工具，或者明知他人实施侵入、非法控制计算机信息系统的违法犯罪行为而为其提供程序、工具，情节严重的，依照前款的规定处罚。

单位犯前三款罪的，对单位判处罚金，并对其直接负责的主管人员和其他直接责任人员，依照各款的规定处罚。

第二百八十六条 【破坏计算机信息系统罪】违反国家规定，对计算机信息系统功能进行删除、修改、增加、干扰，造成计算机信息系统不能正常运行，后果严重的，处五年以下有期徒刑或者拘役；后果特别严重的，处五年以上有期徒刑。

违反国家规定，对计算机信息系统中存储、处理或者传输的数据和应用程序进行删除、修改、增加的操作，后果严重的，依照前款的规定处罚。

故意制作、传播计算机病毒等破坏性程序，影响计算机系统正常运行，后果严重的，依照第一款的规定处罚。

单位犯前三款罪的，对单位判处罚金，并对其直接负责的主管人员和其他直接责任人员，依照第一款的规定处罚。

第二百八十六条之一 【拒不履行信息网络安全管理义务罪】网络服务提供者不履行法律、行政法规规定的信息网络安全管理义务，经监管部门责令采取改正措施而拒不改正，有下列情形之一的，处三年以下有期徒刑、拘役或者管制，并处或者单处罚金：

（一）致使违法信息大量传播的；

（二）致使用户信息泄露，造成严重后果的；

（三）致使刑事案件证据灭失，情节严重的；

（四）有其他严重情节的。

单位犯前款罪的，对单位判处罚金，并对其直接负责的主管人员和其他直接责任人员，依照前款的规定处罚。

有前两款行为，同时构成其他犯罪的，依照处罚较重的规定定罪处罚。

第二百八十七条 【利用计算机实施其他犯罪的提示性规定】利用计算机实施金融诈骗、盗窃、贪污、挪用公款、窃取国家秘密或者其他犯罪的，依照本法有关规定定罪处罚。

第二百八十七条之一 【非法利用信息网络罪】利用信息网络实施下列行为之一，情节严重的，处三年以下有期徒刑或者拘役，并处或者单处罚金：

（一）设立用于实施诈骗、传授犯罪方法、制作或者销售违禁物品、管制物品等违法犯罪活动的网站、通信群组的；

（二）发布有关制作或者销售毒品、枪支、淫秽物品等违禁物品、管制物品或者其他违法犯罪信息的；

（三）为实施诈骗等违法犯罪活动发布信息的。

单位犯前款罪的，对单位判处罚金，并对其直接负责的主管人员和其他直接责任人员，依照第一款的规定处罚。

有前两款行为，同时构成其他犯罪的，依照处罚较重的规定定罪处罚。

第二百八十七条之二 【帮助信息网络犯罪活动罪】明知他人利用信息网络实施犯罪，为其犯罪提供互联网接入、服务器托管、网络存储、通信传输等技术支持，或者提供广告推广、支付结算等帮助，情节严重的，处三年以下有期徒刑或者拘役，并处或者单处罚金。

单位犯前款罪的，对单位判处罚金，并对其直接负责的主管人员和其他直接责任人员，依照第一款的规定处罚。

有前两款行为，同时构成其他犯罪的，依照处罚较重的规定定罪处罚。

7. 计算机犯罪的实质

从犯罪的实质含义上看，《刑法》第二百八十五条、二百八十六条所规定的犯罪可以被称为狭义的计算机犯罪，或叫单纯的计算机犯罪，加上第二百八十七条就称其为广义的计算机犯罪。

区别于其他犯罪，单纯的计算机犯罪具有以下三个实质特征：

(1) 具有计算机本身的不可或缺性和不可替代性；

(2) 明确了计算机犯罪侵害的客体，即计算机信息系统；

(3) 在某种意义上计算机作为犯罪对象出现。

计算机犯罪还反映了以下特征：

(1) 犯罪主体的智能化。计算机犯罪更需要的是知识和技术（或者说是智力），而不仅仅依靠暴力和凶残。犯罪分子往往不仅懂得如何操作计算机的指令和数据，还会编制一定的程序，解读或骗取他人计算机的口令或密码；他们通常较为年轻，接受新知识快，但政治觉悟较低，易于见利忘义，置道德和法律于不顾，利用自身便利条件铤而走险。

(2) 犯罪手段的特殊化。犯罪分子只有运用计算机技术和知识才能通过操纵计算机达到犯罪目的，而且犯罪手段特殊，成本低，传播速度快，传播范围广。例如，黑客利用病毒程序进行犯罪活动，只要几封电子邮件，瞬间就可以将病毒传播到世界各地。在银行等金融单位，犯罪分子可以利用计算机伪造存折、信用卡，或者通过编制一个程序操纵计算机伪造、篡改、删除内存中的信息数据，或者在计算机内埋伏"特洛伊木马"，从而达到犯罪的目的。

(3) 犯罪方式的抽象化。计算机犯罪是一种智力犯罪，因此其犯罪方式的隐蔽、抽象特征较传统犯罪尤为突出。这种犯罪作案时间短，一般是通过计算机非法输入、篡改计算机原有程序或数据，从而在不声不响中完成。

8. 计算机犯罪的常用方法

计算机犯罪的常用方法主要有：

(1) 以合法手段为掩护，查询信息系统中不允许访问的文件，或者侵入重要领域的计算机信息系统。

(2) 利用技术手段非法侵入重要领域的计算机信息系统，破坏或窃取计算机信息系统中的重要数据或程序文件，甚至删除数据文件或者破坏系统功能，直至整个系统处于瘫痪状态。

(3) 在数据传输或者输入过程中，对数据的内容进行修改，干扰计算机信息系统。

(4) 未经计算机软件著作权人授权，复制、发行他人的软件作品，制作传播计算机病毒，或制作传播有害信息等。

9. 计算机犯罪常用的技术手段

计算机犯罪常用的技术手段有：

(1) 网络扫描。网络扫描是计算机犯罪开始前的侦察活动，犯罪分子利用各种扫描工具找出目标主机上的各种信息和漏洞等，这些资料将为其下一步攻击做铺垫。扫描器是最常见的一种自动检测远程或本地主机安全性弱点的网络扫描工具，通过它可以不留痕迹地发现远程服务器的各种 TCP 端口的分配、提供的服务和它们所使用软件的版本。

(2) 口令验证。口令验证是保证计算机和网络系统安全最基本、最重要的手段，口令能否被破解决定了计算机犯罪的成功与否，一般情况下，犯罪分子都是通过盗窃用户的密码文件，然后通过专门的解密工具来完成密码的破解的。

(3) 计算机病毒。计算机病毒简单地说就是一段会自我复制、隐藏、感染的程序代码，它通过各种方式侵入使用者的电脑，达成其恶作剧或破坏资料的目的。

(4) 陷门。在程序员设计程序时，按照程序设计的一般程序，要先将软件分为若干模块，以方便对每个模块进行单独设计、调试，而陷门就是其中一个模块的入口。对于这样的秘密入口，用户往往不知道它的存在，但很可能被利用穷举搜索方法搜索的计算机犯罪分子发现并利用，从而给用户带来安全隐患。

(5) 逻辑炸弹。逻辑炸弹是一种对计算机程序进行修改，使其在某种特定条件下按照不同方式运行的攻击手段。在一般情况下，逻辑炸弹对系统无任何影响，用户丝毫感觉不到它的存在，但一旦满足了触发条件，逻辑炸弹就会突然"引爆"，破坏计算机里存储的数据，带来意想不到的损失。

(6) 特洛伊木马。特洛伊木马这个名称来源于古希腊的故事，作为计算机术语，意为把有预谋的功能藏在木马程序公开的功能中，掩盖真实的企图。这类程序通常被称为特洛伊木马程序，这也是犯罪分子较常用的伪装手段。

(7) 搭线窃听。搭线窃听是一种通过专门工具进行信号窃取并进行信号处理的犯罪手段，常用于国家机密和商业机密的窃取。

(8) 拒绝服务攻击。拒绝服务攻击又称为"电子邮件炸弹"。这种攻击手段可以降低资源的可用性，这些资源可以是处理器、磁盘空间、CPU 使用的时间、打印机、调制解调器，甚至是系统管理员的维护时间。

1.2.2　民事问题

在计算机及网络的使用方面，不仅存在犯罪问题，也存在民事诉讼问题。特别是在大数据时代，信息的分析和挖掘给人们带来巨大便利的同时，个人信息被侵犯的问题也日益突出。个人信息的保护是一个重要的民事问题。《中华人民共和国个人信息保护法》（以下简称《个人信息保护法》）明确了个人信息保护的民事权利属性。人们在使用计算机和网络时，有意和无意的侵权都有可能被提起民事诉讼。

1.2.3　隐私问题

隐私问题是信息安全和保密中所涉及的一个非常重要的问题，在组织和个人中都存在。在信息科技快速发展的今天，隐私保护显得尤为重要。组织和个人信息的安全和隐私保护不仅涉及组织和个人权益，也关系到社会的稳定和公正。保护组织和个人隐私需要全社会的共同努力，包括政府、企业、技术界和个人，只有通过加强法律法规建设、技术手段创新、教育宣传以及国际合作，才能真正实现对信息安全、组织和个人隐私的有效保护。可见，利用法律手段，有效地保护组织和个人的隐私具有非常重要的意义。

思　考　题

1. 简述信息安全法律法规在保障信息安全方面的重要作用。
2. 什么是非法侵入计算机信息系统罪？
3. 什么是破坏计算机信息系统罪？
4. 简述单纯的计算机犯罪的实质特征。

第二章 立法、司法和执法组织

本章讨论法律的一些基本常识，包括立法、司法和执法组织等。立法、司法和执法是法律体系中的三个重要概念，它们之间既有区别，又存在相互联系。立法是司法和执法的前提和基础，没有完善的法律体系，司法和执法活动就无法有效进行。司法和执法是相互支持和相互制约的关系，司法机关通过审理案件，对执法机关的执法活动进行监督，同时执法机关在执法过程中也需要司法机关的配合和支持。立法、司法和执法共同构成了国家法治体系的核心内容。

✿ 2.1 立 法

立法是指国家权力机关制定、修改、补充和废止法律的活动。

2.1.1 立法权

立法权是指部分国家机关依法享有的制定、修改、废止法律等规范性文件的权力，是国家权力体系中最重要的核心权力。立法权分为两类：第一类是制定和修改宪法的权力，第二类是制定和修改普通法律的权力。我国全国人民代表大会和全国人民代表大会常务委员会根据宪法规定行使国家立法权。

在我国，根据享有立法权的主体和形式的不同，立法权也划分为国家立法权、地方立法权、行政立法权、授权立法权等。

2.1.2 立法主体与立法程序

立法主体是指有权制定、认可、修改和废止法律等规范性文件的国家机关。在我国，根据《中华人民共和国宪法》（以下简称《宪法》）和法律的规定，全国人民代表大会是最高立法机关，全国人民代表大会常务委员会、国务院及其部委、一定级别的地方人民代表大会和地方政府分别享有一定范围的立法权。

目前，我国的立法程序主要有以下四个步骤。

1. 法律案的提出

我国享有向最高国家权力机关提出法律案的个人和组织有：

(1) 全国人民代表大会主席团、全国人民代表大会常务委员会和全国人民代表大会各专门委员会。全国人民代表大会主席团、全国人民代表大会常务委员会可以向全国人民代表大会提出法律案；全国人民代表大会各专门委员会可以向全国人民代表大会或全国人民代表大会常务委员会提出法律案。

(2) 国务院、最高人民法院和最高人民检察院。

(3) 全国人民代表大会代表和全国人民代表大会常务委员会的组成人员。依照《中华人民共和国全国人民代表大会组织法》规定，一个代表团或者 30 名以上的代表联名，可以向全国人民代表大会提出属于全国人民代表大会职权范围内的议案。全国人民代表大会常务委员会组织人员 10 人以上联名，可以向全国人民代表大会常务委员会提出属于常务委员会职权范围内的议案。

2. 法律案的审议

法律案的审议是指立法机关对已经列入议事日程的法律案正式进行审查和讨论。

3. 法律案的表决和通过

法律案的表决和通过是立法程序中具有决定意义的一个步骤。表决是指有立法权的机关和人员对议案即法律草案表示最终的态度：赞成、反对或弃权。

关于通过法律草案的法定人数，世界各国有不同的规定。依据《宪法》的规定，由全国人民代表大会常务委员会或者五分之一以上的全国人民代表大会代表提议，并由全国人民代表大会以全体代表的三分之二以上的多数通过；法律和其他议案由全国人民代表大会以全体代表的过半数通过。

4. 法律的公布

法律的公布是指立法机关或国家元首将已通过的法律以一定的形式予以公布，以便全社会遵守执行。我国《宪法》规定，中华人民共和国主席根据全国人民代表大会的决定和全国人民代表大会常务委员会的决定，公布法律。

2.1.3 立法权等级

立法权是有级别的，不同级别立法的内容、立法的主体和所立法律的适用范围是不同的。

1. 国家立法权

国家立法权由一定的中央国家权力机关行使，用以调整基本的、带全局性的社会关系。它是立法体系中居于基础和主导地位的最高立法权。

我国国家立法权的立法主体是全国人民代表大会及其常务委员会、国务院。全国人民代表大会制定和修改刑事、民事、国家机构的和其他的基本法律。全国人民代表大会常务委员会制定和修改除应由全国人民代表大会制定的法律以外的其他法律。

《宪法》《刑法》和《全国人民代表大会常务委员会关于维护互联网安全的决定》等就

是这一级所立。

2. 行政立法权

行政立法权是源于《宪法》、由国家行政机关依法行使的、低于国家立法权的一种独立的立法权，包括中央行政立法权和地方行政立法权。行政立法权的主体主要行使行政规章的立法权。

行政立法权的主体是国务院各部、各委员会，中国人民银行、审计署和具有行政管理职能的直属机构，省、自治区、直辖市和较大城市的人民政府。

公安部颁布的《计算机信息网络国际联网安全保护管理办法》和《计算机病毒防治管理办法》等即属于这一级所立的法规。

3. 地方立法权

地方立法权是由地方国家权力机关行使的立法权。地方立法权的主体主要行使地方性法规的立法权。地方立法权的主体一般是省、自治区、直辖市的人民代表大会及其常务委员会和较大城市的地方人民代表大会及其常务委员会，另外还有民族自治地方的人民代表大会。

地方立法权又可分为不同的层次。享有地方立法权的地方权力机关可以是单一层次的，也可以是多层次的。

《广东省计算机信息系统安全保护管理规定》《武汉市电子政务建设管理暂行办法》等即属于这一级所立的法规。

2.1.4　我国立法体制的特点

我国是一个统一的、多民族的、单一制的国家。单一制的特点是全国只有一个国家主权、一个宪法和一个中央政府。单一制国家的地方行政区是中央根据管理的需要划分建立的，地方享有的权力不是本身固有的，而是中央授予的，中央对地方享有完全的主权，对外由中央政府统一代表国家行使主权。为了维护国家的统一，单一制国家大多实行一级立法体制，地方没有立法权或只有有限的立法权。我国作为统一的单一制国家，立法权必须集中在中央。

《宪法》第六十二条明确规定，全国人民代表大会"制定和修改刑事、民事、国家机构的和其他的基本法律"，行使"应当由最高国家权力机关行使的其他职权"。《宪法》第六十七条规定，全国人民代表大会常务委员会"制定和修改除应当由全国人民代表大会制定的法律以外的其他法律""在全国人民代表大会闭会期间，对全国人民代表大会制定的法律进行部分补充和修改，但是不得同该法律的基本原则相抵触"。由此可见，我国的立法权主要集中于人民代表大会及其常务委员会，全国人民代表大会是我国的立法机关。

《中华人民共和国立法法》（以下简称《立法法》）是规范我国立法活动的重要的基本法，同时也确立了我国的立法体制。根据《立法法》所确立的立法体制，我国立法体制可以分为十个层次的立法，分别是：

(1) 全国人民代表大会的立法；

(2) 全国人民代表大会常务委员会的立法；

(3) 国务院的立法；

(4) 地方省级人民代表大会的立法；

(5) 地方省级人民代表大会常务委员会的立法；

(6) 自治条例的立法；

(7) 国务院各部委办的部门规章；

(8) 省级人民政府制定的规章；

(9) 全国人大授权经济特区的立法；

(10) 较大的市的立法。

总之，我国的立法机关只有一个，即全国人民代表大会。国务院享有一定的立法权。地方人民代表大会是否享有立法权则要具体问题具体分析，部分地方人民代表大会享有一定的立法权，如省、自治区、直辖市人民代表大会及其常委会，省、自治区人民政府所在地的市和经国务院批准的较大的市的人民代表大会及其常委会，民族自治地方 (即自治区、自治州、自治县)，全国人民代表大会特别授予立法权的地方，特别行政区等享有一定的立法权。地方立法不得同法律、行政法规相抵触 (特别行政区立法应符合基本法)。

可见，同当今世界普遍存在的单一的立法体制、复合的立法体制、制衡的立法体制相比，中国现行立法体制独具特色。

从立法层次看，全国人民代表大会及其常委会制定国家法律，国务院及其所属部门分别制定行政法规和部门规章，一般地方的有关国家权力机关和政府制定地方性法规和地方性规章。全国人民代表大会及其常委会、国务院及其所属部门、一般地方的有关国家权力机关和政府，在立法上以及在他们所立的规范性文件的效力上有着级别之差，但这些不同级别的立法和规范性文件并存于现行中国立法体制中。

从立法体制内部的从属关系、统一关系和监督关系来看，国家主席和政府总理都产生于全国人民代表大会，国家主席根据人民代表大会的决定公布法律，总理不存在批准或否决人民代表大会立法的权力，行政法规不得与人民代表大会法律相抵触，地方性法规不得与法律和行政法规相抵触，人民代表大会有权撤销与所制定的法律相抵触的行政法规和地方性法规。

2.1.5　其他有关国家的立法组织及程序

1. 美国

美国是联邦制国家，政权组织形式为总统制，实行三权分立与制衡相结合的政治制度和两党制的政党制度。

美国政治制度的基本内涵是：立法、行政、司法三种权力分别由国会、总统、法院掌管，三个部门行使权利时，彼此相互牵制，以达到权力平衡。国会有立法权，总统对国会通过的法案有否决权，国会又有权在一定的条件下推翻总统的否决。总统有权任命高级官员，但必须经国会认可，国会有权弹劾总统和高级官员。最高法院法官由总统任命并经国会认可，最高法院又可对国会通过的法律以违宪为由宣布无效。

美国的国家结构形式为联邦制。在建立统一的联邦政权的基础上，各州仍保留有相当广泛的自主权。联邦设有最高的立法、行政和司法机关，有统一的宪法和法律，是国际交往的主体。各州有自己的宪法、法律和政府机构。若各州的宪法和法律与联邦宪法和法律发生冲突，联邦宪法和法律优于各州的宪法和法律。美国宪法列举了联邦政府享有的权力，如征税、举债、铸币、维持军队、主持外交、管理州际和国际贸易等。不经宪法列举的其他权力，除非宪法明文禁止各州行使外，一概为州政府保留。州的权力主要是处理本州范围内的事务，如以地方名义征税，管理州内的工商业和劳工，组织警卫力量和维持治安等。多年来，联邦中央和地方的具体权限不断有所变化。

美国国会由参议院和众议院组成，是美国的最高立法机关，行使联邦立法权，故美国的立法程序实际上就是美国国会的立法程序。众议院议员有435人，每一名议员代表一个国会选区，任期为两年。众议院里议员的席次是以每一个州的人口依比例计算的，如加利福尼亚州人口众多，选区也多，所以在众议院里就有53名众议员代表加利福尼亚州；相反地，怀俄明州虽然面积广大，但是人口稀少，所以整个州就算一个国会选区，在众议院里只有一个席位。参议院则不同，不管州的面积和人口多少，每个州都有两名参议员，所以参议院里总共有100个席位，每一名参议员的任期为六年。

美国国会的立法程序大体如下。

1) 立法提案

美国国会的立法程序从拟定立法草案开始。在美国，任何人都可以拟定立法草案，但是只有国会议员可以正式在国会上提出新立法。在通常情况下，立法草案是由国会议员和其助理拟定的，这些议员会在其选区竞选期间了解选民对某些议题的想法，并向选民保证他如果当选，将会在国会提出其选民支持的立法草案。

参议员和众议员被选民选入国会，其主要职责之一就是制定法律。另外，议员的选民，不管是个人或组织，也可以把拟定的立法草案转交给代表当地选区的议员。与此同时，美国行政部门，包括美国总统和内阁成员等也可以向众议院议长或参议院议长提出立法草案。这种立法来源称为"行政沟通"(Executive Communications)。根据美国宪法的规定，美国总统必须向国会报告"国家现况"，这就是为什么每年总统必须在国会发表国情咨文的原因。总统通常趁这个时候向国会提出法案建议，在国情咨文发表过后，总统会正式把他的立法草案送交给国会有关委员会，委员会主席通常会立刻以原本的形式或修改过的版本向国会提出。

2) 提案类型

美国提案的类型有四种，即法案(Bills)、联合决议案(Joint Resolution)、共同决议案(Concurrent Resolution)和简单决议案(Simple Resolution)。在参议院和众议院，大部分立法是以"法案"的形式提出的。联合决议案和法案两者没有很大的不同，两者都需要经过同样的立法程序，不过对美国宪法的修正案必须以联合决议案的形式提出。这种决议案得到众议院和参议院三分之二议员通过后将直接送到总务管理局局长处，让总务管理局局长送交各州征求各州的批准，不需要经过总统批准。联合决议案成为法律的方式和法案相同。

至于共同决议案和简单决议案的处理方式，则和法案或联合决议案的方式有所不同。这两种提案通常与制定美国法律无关，而是与两院议事规则、运作和表达两院对事情的看法有关。所以当两院通过这两种决议案后，决议案不会递交给总统进行批准。

共同决议案无约束力。众议院提出的共同决议案得到全院通过后将由众议院议事员签署后作为记录，参议院通过的共同决议案将交给参议院秘书签署，两院通过的共同决议案都不会递交给总统进行批准。在国会开会期间，任何议员都可以提出新的立法。众议院有关单位在收到新的立法后会给这个立法草案一个编号，然后把这个立法提案送交和这个立法有关的委员会 (Committee) 或小组委员会 (Subcommittee)，让小组成员对草案进行审议。

3) 委员会和听证会

美国立法过程中最重要的一个步骤可能就是委员会的行动。委员会或委员会小组成员在这个阶段会对提出的立法草案进行仔细的研究和辩论，如果立法议题足够重要，则委员会会通过举行公共听证会的形式来了解正反两方对这项立法的意见。然后委员会小组成员将对这项新的立法投票，决定对这项立法采取什么行动。委员会小组成员可以对提出的立法进行修改，之后再投票决定是否赞成这些修改。如果这项立法没有在委员会审议阶段得到批准，则这项立法就此结束，不会通过。

4) 全院表决到两院协调

得到委员会多数赞成通过的立法将被送到众议院全院，在众议院院会中让全体议员对立法进行审议、辩论和投票。这项立法通过适当议事程序在众议院全院表决后，将送到参议院审议。如果参议院对众议院的立法有修改，则整个修改后的立法必须再送回众议院审议。众议院和参议院有时会在同样一个议题上有不同看法。

5) 总统签署

当委员会小组成员达成共识后，同一个版本的立法草案将会分别在众议院和参议院表决，如果立法草案在两院都得到通过，则这项草案将送交给总统，请总统签署，成为法律。

2. 英国

英国议会为英国的最高立法机关，分上议院和下议院，两个议院的议员都有提议立法的权利。两个议院相互制约监督。但议院和内阁有强行通过法律的权利。不管是由谁制定出来的法律，如果没有最高法院大法官的认可，则不具备法律效力。所以就会出现经过议院或内阁的多次审议通过的法律由于得不到大法官的认可，就通过法律程序撤换最高大法官来使法律生效的情况。

英国宪法与绝大多数国家宪法不同，不是一个独立的文件。它由成文法、习惯法、惯例组成，主要有《大宪章》(1215 年)、《人身保护法》(1679 年)、《权利法案》(1689 年)、《议会法》(1911、1949 年) 以及历次修改的选举法、市自治法、郡议会法等。君主 (或国王) 是国家元首、最高司法长官、武装部队总司令和英国圣公会的最高领袖，形式上有权任免首相、各部大臣、高级法官、军官、各属地的总督、外交官、主教及英国圣公会的高级神职人员等，并有召集、停止和解散议会，批准法律，册封贵族和授予荣誉称号，统帅军队，对外宣战等广泛权力；但实际上这些权力大都由内阁和议会行使，君主的一切政治活动完全服从内阁的控制和安排，其活动多属礼仪性质。苏格兰有自己独立的法律体系。

《大宪章》由 1 个序言和 63 个条款构成，其内容涉及三方面的规定：其一为国王与领主关系的规定；其二为国王施政方针与程序的规定；其三为国王与领主争端处理的规定。按照《大宪章》的规定，国王要保障贵族和骑士的封建继承权，不得违例向封建主征收高额捐税，不得任意逮捕、监禁、放逐自由人或没收他们的财产，承认伦敦等城市的自治权。为了保证《大宪章》不落空，由 25 名男爵组成一个委员会，对国王进行监督；如果《大宪章》遭到破坏，封建领主有权以军事手段强迫国王履约。英国之后的君主立宪制，追根溯源来自《大宪章》，其基本精神是王权有限和个人自由。有的学者如斯托布斯就认为，整个英国宪政史实际上是《大宪章》的注释史。

英国的立法程序如下。

1) 政府提案

议会法案成为法律之前，称为议案，而一部议案往往经过无数的程序才能被通过，最终成为法律。大多数议案都是由现任内阁提交给国会审议的，因此由有关内阁大臣呈交给英国议会。一部议案在下议院的通过要经过这样的程序：一读→二读→委员会讨论阶段→报告阶段→三读。

随后，在上议院也需要经过同样的程序，而且，上议院还可以对议案提出修正。如果进行了任何修正，这部议案又会被重新送回下议院再次接受审议。一旦整个议案由国会两院通过，它将被呈送给君主御准，这是一个自动的程序。

2) 私人提案

私人提案不是由政府机构提出的，通常先在上议院经过一读和二读，通过后便会提交给一个由 5 位上议院议员组成的选择委员会审阅。随后就会进入报告阶段，并三读，然后再送到下议院，经过上述同样的程序后，它将被呈送给君主御准。

根据惯例，君主一般不会拒绝批准一份已经由议会两院通过的议案。最近的一次君主否决议案事件发生在 1707 年——安妮女王拒绝批准一份"国民军议案"。

3) 上议院的权利

上议院的议员不是选举产生的，他们或者是世袭贵族，来自英国贵族中的爵位享有者阶层；或者是新一代贵族，即因为自己的社会成就而被授予上议员 (爵士) 资格。这个非民选机构的权利已经逐步受到一系列议会法案的限制，其中最重要的一部法案是在 1911 年通过的。现在，即使一部议案没有获得上议院通过，只要它在连续两次下议院议会上得到通过，就可以呈送君主御准。如果一部财政议案在国会接受审议的时间已经达到一个月，它就可以被呈交给君主。

4) 判例法

判例法是英国法律制度中的第二种法律渊源。法院可以遵循来源于普通法和衡平法的一般法律原则，而这些原则是法院在长期的实践过程中积累下来的古老规则。法官也可以援引先例，也就是在已经定案的判例中寻找法律依据。这种创造法律的方式为法律的演进和发展提供了机会，受其更为正式的程序的制约，议会往往无法提供这样的机会。法院可以比较容易地确立新的原则，或是赋予旧原则以新的含义，使之能够适用于具体个案。因此可以说，法官造法比议会立法具有更大的灵活性。但是，需要注意的是，法官也不能不受限制地随意创造法律规则。

3. 其他国家

1) 日本

《日本国宪法》自 1947 年 5 月起生效。它规定，日本国实行以立法权、司法权和行政权三权分立为基础的议会内阁制；天皇为日本国和日本国民总体的象征，无权参与国政。

日本国国家议会简称国会，由众、参两院组成，为最高权力机关和唯一立法机关。在权力上，众议院优于参议院。国会有通常国会、临时国会和特别国会三种。其中，每年 1 月召开通常国会，一般会期为 150 天左右。临时国会和特别国会的会期是在召开时决定的。

内阁为国家最高行政机关，对国会负责，由内阁总理大臣 (首相) 和分管各省厅 (部委) 的大臣组成。首相由国会提名，天皇任命，其他内阁成员由首相任免，天皇认证。日本政府实施行政改革后政府机构为 1 府 12 省厅。

日本国的司法权属于最高法院及下属各级法院，采用 "四级三审制"。最高法院为终审法院，审理 "违宪" 和其他重大案件。高等法院负责二审，全国共设四所。各都、道、府、县均设地方法院一所 (北海道设四所)，负责一审。全国各地还设有家庭法院和简易法院，负责民事及不超过罚款刑罚的刑事诉讼。最高法院长官 (院长) 由内阁提名，天皇任命，14 名判事 (法官) 由内阁任命，需要接受国民投票审查。其他各级法院法官由最高法院提名，内阁任命，任期 10 年，可连任。各级法官非经正式弹劾，不得罢免。检察机构与四级法院相对应，分为最高检察厅、高等检察厅、地方检察厅、区 (镇) 检察厅。检察官分为检事总长 (总检察长)、次长检事、检事长 (高等检察厅长)、检事 (地方检察厅长称检事正)、副检事等。检事长以上官员由内阁任命。法务大臣对检事总长有指挥权。

日本国为君主立宪国，宪法订明 "主权在民"，而天皇则为 "日本国及人民团结的象征"。如同世界上多数君主立宪制度，日本天皇于日本只有国家元首名义，并无政治实权，但备受民众敬重。日本政治体制三权分立：立法权归两院制国会；司法权归裁判所，即最高法院；行政权归内阁、地方公共团体及中央省厅。日本国最高国家权力机关为国会，选民为 18 岁以上的国民。

2）德国

德国政治制度的基础是于 1949 年 5 月生效的《德意志联邦共和国基本法》(以下简称《基本法》)。《基本法》规定，德国是联邦制国家，由 16 个州组成。外交、国防、货币、海关、航空、邮电属联邦管辖。国家政体为议会共和制。联邦总统为国家元首。联邦总理为政府首脑。德意志联邦共和国的根本大法《基本法》的制定，奠定了西德以及后来统一的联邦德国的国家政治制度的基础，是一部治国大法。

德国议会由联邦议院和联邦参议院组成。联邦议院行使立法权，监督法律的执行，选举联邦总理，参与选举联邦总统和监督联邦政府的工作等。联邦议院选举通常每四年举行一次，在选举中获胜的政党或政党联盟将拥有组阁权。德国实行两票制选举制度。联邦宪法法院是德国宪法机构之一，是最高司法机构，主要负责解释《基本法》，监督《基本法》的执行，并对是否违宪作出裁定，共有 16 名法官，由联邦议院和联邦参议院各推选一半，由总统任命，任期 12 年。正、副院长由联邦议院和联邦参议院轮流推举。德国实行多党制，主要有德国社会民主党、基督教民主联盟、自由民主党、德国共产党、德国共和党等政党。

2.2 司法组织

司法是指国家司法机关根据法定职权依法行使职权、处理各类案件、解决社会纠纷的专门活动。司法组织是对案件依法进行审理和评判的组织。司法活动具有被动性，必须遵循严格的法定程序，确保案件处理的公正性、公平性和合法性。司法的核心任务是实现法律的公正适用，保护公民、法人和其他组织的合法权益。

2.2.1 我国的司法组织

我国的司法组织主要包括以下两大系统。

1. 人民法院

依照《宪法》规定，人民法院是我国的审判机关，依法独立行使审判权。人民法院的领导体制是上级人民法院监督下级人民法院的审判工作，地方各级人民法院对产生它的国家权力机关负责。其中，最高人民法院是最高国家审判机关。

全国法院系统包括三大部分：

(1) 地方人民法院。地方人民法院又分为三级：

① 基层人民法院：包括县人民法院、市人民法院、自治县人民法院、市辖区人民法院。

② 中级人民法院：包括在省、自治区和直辖市内按地区设立的中级人民法院，省、自治区、直辖市的中级人民法院，自治州中级人民法院。

③ 高级人民法院：包括省、自治区和直辖市设立的高级人民法院。

(2) 专门法院：包括军事法院、铁路运输法院、海事法院等。

（3）最高人民法院：国家最高审判机关，监督地方各级人民法院和专门人民法院的审判工作。

2. 人民检察院

依照《宪法》规定，人民检察院是国家的法律监督机关，依法独立行使检察权。人民检察院是法律监督机关，其领导体制是上级人民检察院领导下级人民检察院的工作，地方各级人民检察院对产生它的国家权力机关和上级人民检察院负责。其中，最高人民检察院是最高检察机关。检察院实行同级人民代表大会、上级检察院双重领导制度，有县（市）、市（地）、省（自治区、直辖市）、最高四级。

《中华人民共和国人民检察院组织法》规定，人民检察院行使下列职权：

（一）依照法律规定对有关刑事案件行使侦查权；

（二）对刑事案件进行审查，批准或者决定是否逮捕犯罪嫌疑人；

（三）对刑事案件进行审查，决定是否提起公诉，对决定提起公诉的案件支持公诉；

（四）依照法律规定提起公益诉讼；

（五）对诉讼活动实行法律监督；

（六）对判决、裁定等生效法律文书的执行工作实行法律监督；

（七）对监狱、看守所的执法活动实行法律监督；

（八）法律规定的其他职权。

人民法院和人民检察院负有严格执法、公正司法的神圣使命，行使审判权、检察权，必须维护法律权威，严格执法、公正司法，做到忠于法律和制度，忠于人民利益，忠于事实真相；坚决纠正执法犯法、以权压法、贪赃枉法等现象，坚决查处司法腐败行为，切实做到有法必依、执法必严、违法必究。

此外，我国的司法机关还包括公安机关（含国家安全机关）、司法行政机关及其领导的律师组织、公证机关等。

公安机关是治安机关，负责刑事案件的侦查、拘留、预审、执行逮捕；国家安全机关具有公安机关的性质；司法行政机关的主要职责是管理监狱、劳改、律师、公证、人民调解和法制宣传教育等工作；司法组织是指律师、公证、仲裁组织，虽不是司法机关，却是司法系统中必不可少的链条和环节。

坚持依法独立行使司法权是我国重要的司法原则，实行这一原则有重要意义：能够保证国家法制的统一，否则就会政出多门，危害法律的尊严；同时可以有效地防止和纠正特权思想和不正之风。

2.2.2　其他国家的司法组织

1. 美国

美国司法制度受到经济基础、政治体制、社会需求、利益平衡、传统习惯、文化等社会因素以及特定的历史条件的制约。美国是英、美法系国家，独立前，原 13 个殖民地基本沿袭英国的法律传统，又根据各自需要自立法令，自成司法体系；独立后，1787 年美国宪法对司法权作出了原则性规定，1789 年美国国会颁布的《司法条例》规定了联邦法院的组织、管辖权和诉讼程序，逐步形成了现有的司法制度。美国司法制度的主要特点有：贯彻三权分立的原则，实行司法独立；法院组织分为联邦和地方两大系统；联邦最高法院享有特殊的司法审查权。

1) 美国的检察机关

美国的检察体制具有"三级双轨、相互独立"的特点。所谓三级，是指美国的检察机关建立在联邦、州和市镇三个政府级别上。所谓双轨，是指美国的检察职能分别由联邦检察系统和地方检察系统行使，二者平行，互不干扰。美国的检察机关无论级别高低和规模大小，都是相互独立的。

美国检察机关的职权主要包括刑事起诉权、支持民事案件的起诉和对刑事案件的侦查权。

美国的检察机关和司法行政机构是不分的，联邦总检察长是司法部部长，也是联邦政府的法律事务首脑。美国的联邦检察系统由联邦司法部中具有检察职能的部门和联邦地区检察官办事处组成，其职能主要是调查、起诉违反联邦法律的行为，并在联邦作为当事人的民事案件中代表联邦政府参与诉讼。美国共有 95 个联邦司法管辖区，每个区设立一个联邦检察官办事处，其成员包括一名联邦检察官和若干名助理检察官，他们是联邦检察工作的主要力量。

美国的地方检察系统以州检察机关为主，其成员一般包括州检察长和州检察官。州检察长名义上是一州的首席检察官，但他们多不承担公诉职能，也很少干涉各检察官办事处的具体事务。在大多数州中，州检察长与州检察官之间都保持着一种顾问指导性关系。州检察官的司法管辖区一般以县为单位，他们是各州刑事案件的主要公诉人，通常也被视为所在县区的执行行政长官。一般来说，各地检察机关在刑事案件的调查中都会接受检察官的指导乃至指挥。

市镇检察机关是独立于州检察系统的地方检察机关，但并非美国的所有市镇都有自己的检察机关。在有些州，市镇没有检察官，全部检察工作都由州检察官负责。在那些有自己检察机关的市镇，检察官无权起诉违反联邦或州法律的行为，只能调查和起诉那些违反市镇法令的行为。这些违法行为多被称为微罪，多与赌博、酗酒、交通、公共卫生等有关。

2) 美国的法院组织

美国法院组织较为复杂，由联邦法院和各州法院组成。联邦法院和州法院两大系统，各自分别有适用的宪法和法律，管辖不同的案件和地域。州法院和联邦法院之间没有隶属关系，两套法院系统相互平行，相互独立，但当双方管辖范围重叠时，由联邦法院管辖。

美国联邦法院管辖的案件主要有：涉及联邦宪法、法律或国际条约的案件，一方当事人为联邦政府的案件，涉及外国政府代理人的案件，公海上或国境内供对外贸易和州际贸易之用的通航水域案件，以及国际贸易和州际贸易、各州政府和各州公民间的案件等。

联邦法院包括联邦最高法院、联邦上诉法院和联邦地方法院，另有联邦索赔法院、联邦关税法院和联邦税务法院等处理特殊类型案件的专门法院。各州法院名称不一，自成系统，互不相属，一般分为地方法院、上诉法院和最高法院三级。州的最高法院是该州的最高审判机关，其判决为终审判决。

联邦地方法院是普通民事、刑事案件的初审法院，设在各州的联邦地方法院只审议属于联邦管辖的案件，设在首都和领地的联邦地方法院则兼理联邦管辖和地方管辖的案件。联邦地方法院一般为独任审理，重大案件由三名法官组成合议庭并召集陪审团进行审理。

联邦上诉法院分设在全国 11 个司法巡回区，受理本巡回区内的对联邦地方法院判决不服的上诉案件，以及对联邦系统的专门法院的判决和某些具有部分司法权的行政机构的裁决不服而上诉的案件；案件一般由三名法官合议审理。

联邦最高法院是美国联邦法院系统的最高审级和最高审判机关，于 1790 年根据《美利坚合众国宪法》成立，设于首都，其成员包括首席法官 1 人和法官 8 人。法官均由总统征得参议院同意后任命，只要忠于职守即可终身任职，非经国会弹劾不得免职。但年满 70 岁、任职满 10 年或年满 65 岁、任职满 15 年者，可自动提出退休。美国宪法规定，联邦最高法院对涉及大使、其他使节和领事以及一州为诉讼一方的案件有初审权；对州最高法院或联邦上诉法院审理的案件，有权就法律问题进行复审；有权颁发"调审令"，调审下级联邦法院或州法院审理的案件。联邦最高法院还拥有司法审查权，审查联邦或州的立法或行政行为是否违宪；不论是初审案件还是复审案件，都是终审判决；开庭时间为每年 10 月的第 1 个星期一到第二年 6 月中旬；判决以法官投票的简单多数为准，判决书写下各方意见。1882 年开始发行官方汇编的《美国最高法院判例汇编》，其中的判例对法庭有约束力，为审理同类案件的依据。

州的最高审级是州最高法院，有的州称为最高审判法院、违法行为处理法院，也有的州分设民事最高法院和刑事最高法院。

美国的检察机关与司法行政机构不分，联邦总检察长即司法部部长，为总统和政府的法律顾问，监督司法行政管理，在联邦最高法院审理重大案件时，代表政府出庭，参加诉讼。美国最高法院是全国最高审级，由总统征得参议院同意后任命的 9 名终身法官组成，其判例对全国有拘束力，享有特殊的司法审查权，即有权通过具体案例宣布联邦或各州的法律是否违宪。

2. 日本

日本的司法权属于最高法院及下属各级法院，采用"四级三审制"。最高法院为终审法院，审理违宪和其他重大案件。高等法院负责二审，全国共设八所。各都、道、府、县均设地方法院一所（北海道设四所），负责一审。全国各地还设有简易法院和家庭法院，负责民事及不超过罚款刑罚的刑事诉讼。

日本法院组织是根据 1947 年《裁判所法》，废除旧的行政法院和特别法院，实行单一的法院组织体系。司法权由最高裁判所 (或称为法院) 和下级裁判所行使。最高裁判所管辖上诉案件及特别抗诉案件和弹劾案件，其任何判决均为终审判决；由长官 1 人和法官 14 人组成，长官由内阁提名，天皇任命，法官由内阁任命，天皇认可；享有违宪审查权。下级裁判所包括高等裁判所、地方裁判所、家庭裁判所和简易裁判所。家庭裁判所与地方裁判所属同一审级。简易裁判所审理诉讼标的不超过 30 万日元的民事案件和法定刑为罚金以下案情较轻的刑事案件。家庭裁判所负责《家事审判法》所规定的家庭案件及《少年法》所规定的少年保护案件的审判，对离婚案件只进行调解，调解无效即移送地方裁判所民事庭。地方裁判所是民事、刑事案件初审法院，并受理不服简易裁判所判决的上诉案。高等裁判所审理上诉或抗诉案件，并受理以其为终审级的民事案件或法定的重刑案件。

3. 英国

英国司法有三种不同的法律体系：英格兰和威尔士实行普通法系，苏格兰实行民法法系，北爱尔兰实行与英格兰相似的法律制度。司法机构分民事法庭和刑事法庭两个系统。在英格兰和威尔士，民事审理机构按级分为郡法院、高等法院、上诉法院民事庭、上院。刑事审理机构按级分为地方法院、刑事法院、上诉法院刑事庭、上院。英国最高司法机关为上议院，是民、刑案件的最终上诉机关。1986 年成立皇家检察院，隶属于国家政府机关，负责受理所有的由英格兰和威尔士警察机关提交的刑事诉讼案。总检察长和副总检察长是英政府的主要法律顾问，并在某些国内和国际案件中代表王室。英国陪审团的历史可以追溯到中世纪，至今已经是其刑事法制不可撼动的组成部分。

❀ 2.3　执 法 组 织

执法的广义定义是指所有国家行政机关、司法机关及其公职人员依照法定职权和程序实施法律的活动；狭义定义是指国家行政机关及其公职人员依法行使管理职权、履行职责和实施法律的活动。我国的国家行政机关包括中央行政机关和地方各级行政机关，中央行政机关即中央人民政府——国务院，地方各级行政机关即地方各级人民政府，包括四级：省级人民政府，地市级人民政府，县级人民政府和乡级人民政府。

2.3.1　我国的执法组织

广义上，我国的执法主体包括人民法院、人民检察院、公安机关、国家安全机关、工商行政管理部门、税务部门等。

不同执法主体的职权范围是不同的。

(1) 公安机关拥有广泛的执法权力，负责维护社会治安，打击犯罪活动，包括对刑事案件的侦查、拘留、执行逮捕、预审，及治安管理和交通管理等。

(2) 人民检察院是国家的法律监督机关，负责检察、批准逮捕、提起公诉、监督执法活动以及维护法律的统一正确实施。检察机关在执法过程中发挥着重要的监督作用，以确保法律的公正实施。

(3) 人民法院负责审判，是国家的司法审判机构，负责审理各类案件，解决纠纷，维护社会公平正义。法院在执法过程中发挥最终裁决的作用，以确保法律的权威性和公正性。

(4) 国家安全机关依照法律规定，办理危害国家安全的刑事案件，行使与公安机关相同的职权。

(5) 行政执法部门是负责执行国家行政法规和政策的部门，如工商市场监督、税务、海关等部门。这些部门依法对各类违法行为进行查处，维护市场秩序和社会秩序。

2.3.2 美国的执法组织

美国联邦的执法机构主要包括联邦调查局、中央情报局和国家安全局等。

美国联邦调查局 (Federal Bureau of Investigation，FBI) 是美国司法部的主要调查机构，俗称事务所，总部设在华盛顿，下设 10 个由助理局长担任领导的职能部门，分管鉴定、训练、刑事调查、技术服务等工作，并在全国 59 个城市设立外勤办事处及从属于它们的 400 多个"地方分局"，还有分布在世界 22 个国家的驻外机构，执行总部分配的任务。该局有 30 000 多名工作人员，其中 8600 多人是外勤人员，每年的预算为 23 亿美元以上。FBI 建有刑事犯罪"科学实验室""中央指纹档案馆"和专门训练高级特工人员和警察的学院。有些人甚至将其称为世界上最大的执法机构。

FBI 在其 100 多年的历史中，曾处于多起臭名昭著的案件的核心，有些案件取得了成功，有些则备受争议。在恐怖主义盛行的时代，FBI 仍然像以前一样复杂而且大权在握。FBI 局长由总统任命，并经参议院批准，任期 10 年。FBI 的主要职责：同犯罪团伙、恐怖活动和外国间谍做斗争；协助各州和地方警察确认和追踪州与州之间的逃犯，发布有关最严重的通缉犯的消息，并提供寻找犯罪方面的训练和研究。FBI 也被授权提供其他执法机构的合作服务，如指纹识别、实验室检查和警察培训等。

FBI 的任务是调查违反联邦法犯罪，支持法律，保护美国，调查来自外国的情报和恐怖活动，在领导阶层和法律执行方面对联邦、州、当地和国际机构提供帮助，同时在响应公众需要和忠实于美国宪法的前提下履行职责。其中，在五大影响社会的犯罪方面享有最高优先权：反暴行、毒品/有组织犯罪、外国反间谍活动、暴力犯罪和白领阶层犯罪。FBI 曾经既支持法律，有时候又破坏它，但在大多数美国人的通常印象里，它是打击罪行最有效的机构。FBI 专门特工的人数每年都在增长，2021 年已经超过 30 000 名。大多数专门特工驻在外国，作为大使法律随员在美国使馆工作。

美国中央情报局 (Central Intelligence Agency，CIA)，总部位于美国弗吉尼亚州的兰利，与克格勃 (苏联国家安全委员会，现改制为俄罗斯联邦安全局)、英国军情六处和以色列摩萨德，并称为"世界四大情报机构"。其主要任务是公开和秘密地收集并分析关于国外政府、公司、恐怖组织、个人、政治、文化、科技等方面的情报，协调其他国内情报机构的活动，并把这些情报报告到美国政府各个部门。它也负责维持大量军事设备，这些设备在冷战期间曾用于为推翻外国政府做准备，例如苏联、危地马拉的阿本斯、智利的阿连德等对美国利益构成威胁的反对者。

美国中央情报局分为四个主要组成部分：情报处、管理处、行动处、科技处。情报技术人员多具有较高学历，或是某些领域的专家。该机构的组织、人员、经费和活动严格保密，即使国会也不能过问。

美国国家安全局 (National Security Agency，NSA) 是美国政府机构中最大的情报部门，专门负责收集和分析外国及本国通信资料，隶属于美国国防部，又称国家保密局。它是1952 年根据杜鲁门总统的一项秘密指令，从当时的军事部门中独立出来，用以加强情报通信工作的，是美国情报机构的中枢。国家安全局拥有遍布世界各地固定的和机动的无线电拦截和定位站及中心 (包括美国驻各国使馆)，还负责协调美国情报部门的电子间谍活动，并同北约国家的无线电侦察和无线电谍报机关进行合作。美国国家安全局的任务是保障电讯安全和收集国外情报；借助地面、海上、空中和宇宙手段进行全球无线电和无线电技术侦察；负责破译世界各国的密码信息。

思 考 题

1. 在我国，根据享有立法权主体和形式的不同，立法权可以划分为哪几个等级？
2. 简述全国人大的立法程序。
3. 我国的执法组织主要包括哪些部门？它们各自行使哪些方面的职权？

第三章　信息安全法律规范

 **3.1** 信息安全法律规范概述

3.1.1　法律规范

法律规范是指国家按照统治阶级的利益和意志制定或认可，用以指导、约束人们行为，并由国家强制力保证其实施的社会行为规范的总和，是构成法律体系的最基本细胞。

法律规范具有以下三个实质特征：

(1) 法律规范是由国家制定或者认可，并由国家强制力保证实施的规范，因而具有国家意志和国家权力的属性；

(2) 法律规范以规定法律权利和法律义务为内容，是具有完整逻辑结构的特殊行为规范；

(3) 法律规范具有普遍约束力，并且使用同一标准对任何在其效力范围内的主体行为进行指导和评价。

由此可见，法律规范是由国家强制力来保证实施的，对所有公民都具有约束力，任何人都需要遵守。法律规范与道德约束不同，法律规范意味着统治权威和强制执行，而道德约束更多的是基于文化，是精神态度或者习惯。

信息安全法律规范是指与信息安全有关的法律规范的总和。它主要包括命令性规范和禁止性规范两种。命令性规范要求法律关系的主体应当或必须从事一定的行为，禁止性规范则要求法律关系的主体不得从事指定的行为，否则就会受到一定的法律制裁。

3.1.2　法律关系

1. 法律关系的特征

法律关系是法律在调整人民行为的过程中形成的权利义务关系，具有如下三个特征：

(1) 法律关系是根据法律规范建立的一种合法的社会关系；

(2) 法律关系是受国家强制力保障的社会关系；

(3) 法律关系是特定法律主体之间的权利义务关系。

2. 法律关系的主体

法律关系的主体包括以下三个方面：

(1) 公民 (自然人)，即本国公民；

(2) 各种机构和组织，即国家机关、各种企业事业组织、各政党和社会团体；

(3) 国家，在特殊情况下，国家可以作为一个整体成为法律关系的主体。

3.1.3 信息安全法律法规的发展

为保护本国的信息安全，维护国家的利益，各国政府对本国的信息安全都十分重视，指定政府有关机构主管信息安全工作。从 20 世纪 80 年代开始，世界各国陆续加强了计算机安全的立法工作。

时代不同，对信息安全的需求和认识也不同，因此，信息安全法律法规的发展经历了以下几个阶段：

(1) 第一阶段 (20 世纪 70 年代—80 年代)：该阶段的立法需求是确保信息系统中硬件、软件及正在处理、存储、传输的信息的机密性、完整性和可用性。这一时期，针对个人隐私权的保护，世界各国开始了第一次计算机信息系统安全立法潮流，代表性的法律法规有德国 1977 年制定的《联邦数据保护法》等。

(2) 第二阶段 (20 世纪 80 年代—90 年代)：该阶段人们对信息安全有了可控性的要求，要求对信息及信息系统实施安全监控管理；推行不可否认性，即保证行为人不能否认自己的行为。为此，急需立法解决网络入侵、病毒破坏、计算机犯罪等问题。因此，世界各国 (主要是发达国家) 都适时地对刑法进行了修改，国际性的立法浪潮始于 1985 年。这一阶段代表性的法律法规有美国于 1986 年制定的《计算机欺诈和滥用法》和 1987 年制定的《计算机安全法》。

(3) 第三阶段 (20 世纪 90 年代—2001 年 "9·11" 事件)：该阶段不再局限于对信息的保护，提出了信息安全保障的概念，强调了系统整个生命周期的防御和恢复。立法以信息安全监督管理为核心，明确政府机构和商业机构负责人的安全责任。这一阶段代表性的法律法规有俄罗斯颁布的《信息安全纲要 (草案)》和美国的《联邦信息安全管理法案》等。

(4) 第四阶段 ("9·11" 事件以后)："9·11" 事件之后，网络与信息安全工作几乎都是围绕着反恐展开的。特别是在美国，为了避免 "数字珍珠港" 事件的上演，立法重点从对信息基础设施的保护转移为对国家关键基础设施的保护，强调 "应急响应、检测预警、重视监控"。这一阶段代表性的法律法规有美国的《信息时代的关键基础设施保护》《爱国者法案》《网络安全国家战略》等。

3.1.4 美国信息安全法律法规概况

美国作为当今世界信息大国，其信息技术具有国际领先水平，并较早地开展了信息安全立法活动。因此，与其他国家相比，美国无疑是信息安全方面法案最多且较为完善的国家。美国的国家信息安全机关除了人们熟知的国家安全局、中央情报局、联邦调查局外，还有 1996 年成立的总统关键基础设施保护委员会，1998 年成立的国家基础设施保护中心和国家计算机安全中心。美国在 1987 年再次修订了《计算机犯罪法》，而该法早在 20 世纪 80 年代末至 90 年代初就被作为美国各州制定其他地方法规的依据，这些地方法规也因此确立了计算机服务盗窃罪、侵犯知识产权罪、计算机错误访问罪、非授权的计算机使用罪等罪名。

美国较早确立的有关信息安全的法律有《信息自由法》《隐私权法》《计算机欺诈和滥用法》(Computer Fraud and Abuse Act，CFAA)、《伪造访问设备和计算机欺骗滥用法》《电子通信隐私法》《互联网网络完备性及关键设备保护法案》《计算机安全法》和《电信法案》等。其中，《电信法案》是 1996 年为了适应信息化的发展对 20 世纪 30 年代的原有法律进行全面修订而制定的全新法律，它对以往分别进行管理的广播、电视、通信和计算机等内容进行了综合，部分内容体现了试图查禁色情贩子肆无忌惮地在网络空间散播淫秽资讯的活动，保护儿童和少年的身心健康的目的。

网络环境下的信息泄密是指网络信息在存储、传播、使用或者获取的过程中被其他人非法取得的过程。网络信息泄密主要涉及三个方面：个人隐私信息、企业商业秘密以及国家秘密、国家安全信息等。美国联邦法律中有关防范和制止信息泄密的法律主要有《电子通信隐私法》(Electronic Communications Privacy Act，ECPA)、《统一商业秘密法》(Uniform Trade Secrets Act，UTSA) 和《计算机欺诈和滥用法》。

信息破坏主要是指制造和传播恶意程序来破坏计算机所存储的信息和程序，甚至破坏计算机硬件的行为。美国联邦法律对计算机和网络信息系统安全进行了专门的规定。根据《计算机欺诈和滥用法》，受该法保护的计算机的范围不仅限于国家事务、国防建设、尖端科学技术领域，还包括任何用于洲际或者国际的通信和贸易的计算机，从而确立了违反该法的民事、刑事责任。

信息侵权就是对信息产权的侵犯。网络环境下的信息内容和传统的信息相比有很大的不同，主要表现在信息内容的扩展、信息载体的变化、信息传递方式的增加等方面，由此就带来了利用传统知识产权保护手段难以解决的问题。美国有关信息侵权方面的联邦法律主要是《数字千年版权法》(The Digital Millennium Copyright Act，DMCA)。DMCA 保护网络知识产权的主要手段是保障网络知识产权的所有人对其拥有所有权的网络知识产权作品设置的加密技术手段，防止任何人绕开该加密手段侵害网络知识产权。

信息污染是指用无用信息、劣质信息或有害信息渗透到信息资源中，对信息资源的收集、开发和利用造成干扰，甚至对用户和国家产生危害。美国国会在 1998 年通过的《儿童在线隐私保护法》(Children's Online Privacy Protection Act，COPPA) 规定经营者应对对未成年人有害的内容采取一定的措施予以控制，使之不能被未成年人所接触，否则需要承担一定的责任。2000 年 12 月通过的《儿童互联网保护法》(Children's Internet Protection Act，CIPA) 规定：中小学、图书馆等社会公共组织具有安装有害信息过滤和阻碍技术设备的义务，应当综合全社会力量共同抵御有害信息对未成年人的侵扰。

近些年，美国在隐私保护和数据安全等方面不断完善其相关法律法规，如 2023 年犹他州的隐私保护法是迄今为止通过的有利于商业发展的数据隐私法之一；2024 年美国政府颁布《关于防止受关注国家获取美国公民大量敏感个人数据和美国政府相关数据的行政命令》，进一步加强了美国在信息安全和数据保护方面的监管力度。

3.1.5　英国信息安全法律法规概况

英国政府为了打击网上犯罪活动，采取了以下一些监管措施：加强法律规范，加大打击力度；对网络提供者提出具体、严格的要求；网络监察部门对网上内容进行合法性鉴别；对网上非法资料作出严肃处理；加强研究开发工作，研制适合国情的监控软件和电子设备。1996 年以前，英国主要依据《黄色出版物法》《青少年保护法》《录像制品法》《禁止滥用电脑法》和《刑事司法与公共秩序修正法》等法律法规惩处利用电脑和互联网进行犯罪的行为。1996 年 9 月 23 日，英国政府颁布了第一个网络监管行业性法规《三 R 安全规则》。"三 R"分别代表分级认定、举报告发、承担责任。该法规旨在从网络上清除儿童色情内容和其他有害信息，对提供网络服务的机构、终端用户和发布信息的网络新闻组织，尤其是对提供网络服务的机构提出了明确的职责分工。

英国政府近年来不断加强信息安全监管，通过制定和修订相关法律法规来强化网络安全保护。例如，英国正式实施"最严"电信安全新法规《产品安全和电信基础设施法案 2023》，对电信网络服务提供商提出了更高的安全要求；2023 年 3 月下议院提出的《数据保护和数字信息法案》于 2023 年 12 月 20 日在上议院进行了二读，该法案旨在通过一系列广泛的条款来更新和简化英国的数据保护框架。可见，英国的信息安全法律法规在加强监管、关注新技术挑战、重视数据保护与隐私权益等方面更加关注。

3.1.6　欧洲信息安全法律法规概况

欧洲共同体是一个在欧洲范围内具有较强影响力的政府间组织。为在共同体内正常地进行信息市场运作，该组织在诸多问题上制定了一系列法律，具体内容包括竞争（反托马斯）法，产品责任、商标和广告规定，知识产权保护，保护软件、数据和多媒体产品及在线版权，跨境电子贸易，税收和司法问题等。这些法律如果与其成员国原国家法律相矛盾，则必须以共同体的法律为准（1996 年公布的国际市场商业绿皮书对上述问题有详细表述）。

其成员国从 20 世纪 70 年代末到 80 年代初，先后制定并颁布了各自有关数据安全的法律。

德国是欧洲信息技术最发达的国家，其电子信息和通信服务涉及该国所有经济和生活领域。由于 Internet 在电子信息和通信服务行业中的重要性，德国政府在其发展的初始阶段即对其进行立法。1997 年夏，德国政府颁布了《信息和通信服务规范法》，又称《多媒体法》，并成立了联邦信息技术安全局，依法对网络进行管理。此外，该政府依据发展信息和通信服务的需要，对《刑法法典》《治安法》《传播危害青少年文字法》《著作权法》和《报价法》等进行了必要的修改和补充。《多媒体法》于 1997 年 6 月 13 日在联邦会议上通过，1997 年 8 月 1 日生效。该法为电子信息和通信服务的各种利用的可能性规定了统一的经济框架条件，适用于所有私人利用信号、图像、声音等数据提供的、通过电子传输的电子信息和通信服务 (电信服务)；在该法律范围内，享用电信服务不需经过批准和登记。法律规定：服务提供者根据一般法律对自己提供的内容负责；若提供的是他人的内容，则服务提供者只有在了解这些内容、在技术上有可能阻止其传播的情况下才对内容负责；在服务者提供服务的过程中传播他人提供的内容，服务者不对该内容负责；根据用户要求自动和短时间地提供他人内容的是传播途径的中介；若服务提供者在不违背《电信法》有关保守电信秘密规定的情况下了解这些内容，在技术上有可能阻止且进行阻止不超过其承受能力，则有义务按一般法律阻止利用违法的内容。德国在保障网络安全方面起步较早，《多媒体法》对网上安全、个人自由和隐私权做了一系列界定，而信息技术安全局配合内政部和刑警局进行"技术执法"。在技术上加强预防性和前瞻性研究，向企业和个人普及信息安全意识，推广安全技术标准等已成为德国的通行做法。因此，虽然德国近年来小规模的公司网站被袭击的事件并不少，但是未造成较大的损失。

法国作为欧洲大陆的主要国家之一，在 Internet 的使用上却起步较晚。此前，它使用的是自建的一套商业电讯系统。在意识到 Internet 的重要性及其存在的问题之后，法国政府积极地关注 Internet 的发展并制定了有关法律。1996 年 6 月，法国对一部有关通信自由的法律进行了补充并提出了《Fillon 修正案》。该修正案根据互联网的特点，为在互联网从业人员和用户之间解决互联网带来的有关问题提出了以下三方面措施：

(1) 迫使用于上网服务的网络信道提供者向客户提供封锁某些信道的软件设备，从而使成年人通过技术控制对未成年人负责；

(2) 建立一个委员会，负责制订上网服务的职业规范，对被告发的服务提出处理意见，特别是负责原由网络信息委员会管辖的终端视讯服务；

(3) 若网络信道提供者违反技术规定，为进入已存异议的网络提供信道，或在知情的情况下为被控告的服务进入网络提供信道，则追究其刑事责任。

为了缩小与美国、日本的数字鸿沟，欧盟大力发展最具竞争力的信息产业，在 20 世纪末提出了"电子欧洲"的概念。为了实现这一宏伟目标，欧盟先后出台了电子欧洲 2002 行动计划、电子欧洲 2003 行动计划、电子欧洲 2005 行动计划，并在 2003 年 2 月 18 日颁布了《执行电子欧洲 2005 计划的决议》，力图体现"电子包容"政策。

在 20 世纪末，"电子欧洲"的概念登上历史舞台之后，欧盟在 21 世纪之初掀起了一个信息安全立法的高潮。2003 年 2 月 18 日，欧盟理事会通过了《关于建立欧洲网络信息安全文化的决议》。自此，欧盟已经不满足于仅仅通过技术手段来保障网络与信息安全，而且考虑到要向所有利益相关者阐明网络信息安全的责任，通过合作与交流，提高全社会的网络安全意识。根据欧盟委员会在 2006 年 5 月 31 日向欧盟理事会、欧洲议会、欧洲经济和社会委员会以及区域委员会递交的题为《关于建立欧洲信息安全社会的战略——对话、合作和授权》的通讯，欧盟于 2007 年 3 月 22 日正式通过了《关于建立欧洲信息安全社会战略的决议》。这意味着欧盟已经将区域的信息安全提升到了社会形态的高度，要求在全社会实现网络和信息系统的可用性、保密性与完整性。

近些年来欧盟依旧对信息安全高度重视，先后颁布了多项相关条例、法案和报告等。如 2024 年 1 月生效的《网络安全条例》，其中规定了欧盟实体建立内部网络安全风险管理、治理和控制框架的措施；2024 年 12 月欧洲理事会通过了《网络团结法》和《网络安全法》的修正案，旨在通过加强合作机制、提高响应能力和服务质量，全面提升欧盟的网络安全水平。

3.1.7　亚洲信息安全法律法规概况

新加坡广播管理局 (SBA) 在 1996 年 7 月 11 日宣布对互联网络实行管制，宣布实施分类许可证制度。该制度于 1996 年 7 月 15 日生效。它是一种自动取得许可证的制度，目的是鼓励正当使用互联网络，促进其在新加坡的健康发展。它依据计算机空间的最基本标准来保护网络用户，尤其是年轻人，使其免受非法和不健康的信息之害。为减少许可证持有者的经营与管理负担，规定凡遵循分类许可证规定的服务均被认为自动取得了执照。分类许可证涉及互联网络服务提供商 (ISP) 和互联网络内容提供商 (ICP)，并将前者分为互联网络连接服务商 (IASP)、定点网络服务转售商和非定点网络服务转售商。互联网络管理的成功与否取决于产业界的自我管理和公众的配合程度。为帮助 SBA 确定最佳管理体制，新加坡新闻与艺术部还成立了一个全国互联网络咨询委员会，以便处理有关互联网络和电子信息服务的事务。

日本通产省 (现经济产业省) 已经编制出一套准则，防止越权访问计算机网络，建议计算机使用者避免以出生日期和电话号码作为口令，并定期变更口令。该部门提出，应像防止计算机病毒的扩散一样，防止黑客对网上数据的窃取、替换及破坏。日本政府从 2000 年 2 月起正式实施《关于禁止不正当存取信息行为的法律》，加强了对黑客等不正当行为的处罚。为防止少数人利用电子邮件发送垃圾广告，进行网络欺诈，散发反动或色情信息，传播木马病毒等，避免本国成为垃圾邮件发送者的"避风港"，2002 年 4 月，日本颁发了《特定电子邮件法》。同年 7 月，日本又颁发了《反垃圾邮件法》。2003 年，日本总务省宣布以立法的形式禁止用户擅自接收无线局域网的通信数据或破解其加密信息，并在现行《电波法》中增加了对此类行为的处罚条例，擅自窃听加密通信用户的通信并对加密信息进行破解的行为将受到法律制裁。2003 年，日本正式制定了《个人信息保护法》。为打击网络色情犯罪，净化网络空间，2003 年 9 月 13 日，日本实施了《交友类网站限制法》，旨在对成年人提供更安全、更健康的网络环境。

近年来，日本也对相关的法律法规进行了完善。如 2023 年修订的《个人信息保护法》将《个人信息保护法》、《行政机关个人信息保护法》、《独立行政法人等个人信息保护法》三法合一，实现立法统一化，同时对相关管理机构也进行了整合；2024 年 8 月 30 日通过了《网络数据安全管理条例》，该条例逐步构建较为完善的数据保护法律框架，规范数据的合法合规利用、出境及保护，将于 2025 年 1 月 1 日起施行。这些法律法规的实施显著提升了日本的数据保护水平，增强了企业和个人的信息安全意识。

3.1.8　现代信息安全法律法规的发展特征

进入 21 世纪，以美国、日本、英国、俄罗斯等国为代表的发达国家，其国家安全战略下的信息安全保障体系，在立法范围及立法内容方面呈现以下特征：

在立法范围方面，立法层次由国家立法上升到国家战略高度。发达国家信息安全立法与实施机制逐渐健全与完善；立法范围涉及信息内容安全、数据安全、物理安全、网络空间安全、信息基础设施安全、国际信息安全等领域。网络空间安全由国家战略走向国际战略。

在立法内容方面，各国信息安全法律体系不仅包括网络安全的国家战略与行动计划，还包括网络安全的法律法规，以及信息安全的管理、技术标准，立法内容空前丰富，以维护网络空间安全为主的综合性主动防御型信息安全保障体系逐步健全。这一时期，在大安全观下，国际安全、国家安全和社会安全紧密相连，信息质量、信息设施、信息环境和信息管理有机结合，是新时期构建信息安全保障体系一体化的理论基础。

3.2　我国信息安全法律规范概况

3.2.1　我国信息安全法律规范体系

我国的信息安全主要通过以下三大体系予以保障。

1. 基本法律体系

我国在许多基本法律中都设立了用于保护信息安全的条款，如《宪法》第四十条，《刑法》第二百八十五、二百八十六、二百八十七条都做了相关规定，并且陆续出台了《中华人民共和国网络安全法》(以下简称《网络安全法》)、《中华人民共和国密码法》(以下简称《密码法》)、《中华人民共和国数据安全法》(以下简称《数据安全法》) 等专门的信息安全法律。

2. 政策法规体系

政府制定的一系列法规、规章，如《中华人民共和国计算机信息系统安全保护条例》《计算机病毒防治管理办法》《互联网上网服务营业场所管理条例》等，强化了对信息安全保护的力度。

3. 强制性技术标准体系

国家通过颁布一系列强制性执行的技术标准，如《计算机信息系统安全保护等级划分准则》《计算机信息系统安全专用产品分类原则》《计算机场地安全要求》等，从技术上对信息安全的保护进行了规范。

3.2.2　我国信息安全法律规范遵循的基本原则

我国信息安全法律规范遵循以下基本原则。

1. 谁主管谁负责的原则

我国信息安全法律规范遵循"谁主管谁负责"的原则。

例如，《互联网上网服务营业场所管理条例》第四条规定：县级以上人民政府文化行政部门负责互联网上网服务营业场所经营单位的设立审批，并负责对依法设立的互联网上网服务营业场所经营单位经营活动的监督管理；公安机关负责对互联网上网服务营业场所经营单位的信息网络安全、治安及消防安全的监督管理；工商行政管理部门负责对互联网上网服务营业场所经营单位登记注册和营业执照的管理，并依法查处无照经营活动；电信管理等其他有关部门在各自职责范围内，依照本条例和有关法律、行政法规的规定，对互联网上网服务营业场所经营单位分别实施有关监督管理。

2. 突出重点的原则

我国信息安全法律规范遵循"突出重点"的原则，要求对国家重要领域的计算机信息系统进行重点维护。

例如，《中华人民共和国计算机信息系统安全保护条例》第四条规定：计算机信息系统的安全保护工作，重点维护国家事务、经济建设、国防建设、尖端科学技术等重要领域的计算机信息系统的安全。

3. 预防为主的原则

我国信息安全法律规范要求对信息安全进行预防，如对计算机病毒的预防，对非法入侵的防范 (使用防火墙等)。

4. 安全审计的原则

我国信息安全法律规范中也要求采用安全审计、跟踪记录等方法来保证信息安全。

例如，在《计算机信息系统安全保护等级划分准则》的第 4.2.4 款项中有关审计的说明如下：

计算机信息系统可信计算基能创建和维护受保护客体的访问审计跟踪记录，并能阻止非授权的用户对它访问或破坏。

计算机信息系统可信计算基能记录下述事件：使用身份鉴别机制；将客体引入用户地址空间 (例如：打开文件、程序初始化)；删除客体；由操作员、系统管理员或 (和) 系统安全管理员实施的动作，以及其他与系统安全有关的事件。对于每一事件，其审计记录包括事件的日期和时间、用户、事件类型、事件是否成功。对于身份鉴别事件，审计记录包含请求的来源 (例如：终端标识符)；对于客体引入用户地址空间的事件及客体删除事件，审计记录包含客体名。

对不能由计算机信息系统可信计算基独立分辨的审计事件，审计机制提供审计记录接口，可由授权主体调用。这些审计记录区别于计算机信息系统可信计算基独立分辨的审计记录。

5. 风险管理的原则

事物在运动发展过程中都存在风险，这是一种潜在的危险或损害。风险具有客观可能性、偶然性 (即风险损害的发生有不确定性)、可测性 (即有规律，风险的发生可以用概率加以测度) 和可规避性 (即加强认识，积极防范，可降低风险损害发生的概率)。

信息安全工作的风险主要来自信息系统中存在的脆弱点 (即漏洞和缺陷)，脆弱点可能存在于计算机系统和网络中或者管理过程中。脆弱点很容易受到威胁或攻击。

解决问题的最好办法是进行风险管理。风险管理又称危机管理，是指在一个肯定有风险的环境里把风险减至最低的管理过程。

对于信息系统的安全，风险管理主要通过以下几个途径完成：

(1) 主动寻找系统的脆弱点，识别出威胁，采取有效的防范措施，将风险隐患消除在萌芽状态。

(2) 当威胁出现后或攻击成功时，对系统所遭受的损失及时进行评估，制订防范措施，避免风险的再次出现。

(3) 研究并制订风险应变策略，从容应对各种可能的风险的发生。

3.2.3 我国信息安全法律规范的法律地位和作用

1. 信息安全立法的必要性和紧迫性

信息安全立法的必要性和紧迫性主要体现在以下几个方面：

(1) 维护国家安全和公民、组织的合法权益：没有信息安全，就没有完全意义上的国家安全。信息安全立法是维护国家安全战略高度的重要举措，关系到国家网络空间主权、安全和发展利益的保护。通过法律形式，将信息安全等级保护制度上升为法律，有助于维护国家网络空间的主权、安全和发展利益。

(2) 应对网络安全挑战：国家对信息的支配和控制能力，决定了国家的主权和命运。面对日益严重的网络安全问题，通过总结多年网络安全工作经验，针对实践中存在的突出问题进行立法，确立保障网络安全的基本制度，可以保护各类网络主体的合法权利，保障网络信息依法有序的自由流动，促进网络技术创新和信息化持续健康发展。

(3) 促进数字经济的发展：随着数字经济的快速发展，数据信息成为新的生产要素、基础性资源和战略性资源，对数据信息的保护和管理就显得尤为重要。信息安全立法有助于构建数据安全协同治理体系，推动数字经济健康发展。

(4) 保护关键信息基础设施：关键信息基础设施的安全保护成为我国推进数字经济发展、参与国际竞争的重要保障。针对关键信息基础设施安全保护的专门性行政法规，可有效提升国家对关键信息基础设施的安全保护意识和保障能力。

综上所述，信息安全立法的必要性和紧迫性体现在维护国家安全和公民、组织的合法权益，应对网络安全挑战，促进数字经济的发展以及保护关键信息基础设施等方面，这些方面的立法对于保障国家安全、国家网络空间主权和综合国力、经济竞争力和生产发展利益具有重要意义。

2. 信息安全法律规范的作用

信息安全法律规范的作用主要体现在五个方面：

(1) 指引：法律法规为人们的某种行为提供了一种模式，明确指出什么样的行为是允许的，是必须的，从而指引人们的行为方向。

(2) 评价：通过法律法规判断和衡量人们的行为是否合法或违法，以及违法的性质和程度，以此来评价人们的行为。

(3) 预测：人们可以根据法律法规预先估计到他们相互之间的行为以及某些行为在法律上的后果，从而作出相应的行为预测。

(4) 教育：法律法规的实施会对人们的行为产生影响，促使人们更加重视信息安全，避免违法行为。

(5) 强制：法律法规对违法行为具有制裁和惩罚的作用，确保法律法规的有效实施，维护信息安全。

这些共同构成了信息安全法律规范作用的核心，旨在保护国家与个人信息和数据的安全，维护国家安全和社会秩序，促进数字经济的健康发展。

3.2.4 我国信息安全法律规范的发展及分类

我国于 20 世纪 80 年代中期就已开展计算机安全立法工作，后续随着科技和互联网行业的高速发展，我国陆续出台了各项法律法规，已逐步建成国家信息安全组织保障体系，国务院信息办专门成立了网络与信息安全领导小组，各省、自治区、直辖市也相继设立了相应的管理机构。我国制定了一批重要的与信息安全相关的法律法规，这些法律法规可以分为国家法律、行政法规、部门规章与规范性文件、地方法律法规四大类。

1. 信息安全国家法律

目前我国的信息安全国家法律主要有：

(1)《中华人民共和国保守国家秘密法》；

(2)《中华人民共和国密码法》；

(3)《中华人民共和国网络安全法》；

(4)《中华人民共和国电子签名法》；

(5)《中华人民共和国个人信息保护法》

(6)《中华人民共和国数据安全法》；

(7)《中华人民共和国产品质量法》；

(8)《中华人民共和国反不正当竞争法》；

(9)《中华人民共和国国家安全法》；

(10)《中华人民共和国人民警察法》；

(11)《中华人民共和国宪法》；

(12)《中华人民共和国刑法》；

(13)《中华人民共和国刑事诉讼法》；

(14)《中华人民共和国行政处罚法》；

(15)《中华人民共和国著作权法》；

(16)《中华人民共和国专利法》；

(17)《中华人民共和国海关法》；

(18)《中华人民共和国商标法》，等。

2. 信息安全行政法规

目前我国的信息安全行政法规主要有：

(1) 国务院第 83 号令——《中华人民共和国产品质量认证管理条例》；

(2) 国务院第 84 号令——《计算机软件保护条例》；

(3) 国务院第 147 号令——《中华人民共和国计算机信息系统安全保护条例》；

(4) 国务院第 195 号令——《中华人民共和国计算机信息网络国际联网管理暂行规定》；

(5) 国务院第 273 号令——《商用密码管理条例》；

(6) 国务院第 291 号令——《中华人民共和国电信条例》；

(7) 国务院第 292 号令——《互联网信息服务管理办法》等。

3. 信息安全部门规章与规范性文件

我国各管理部门也发布了相关的信息安全部门规章与规范性文件，主要有：

1) 公安部发布

(1) 第 32 号令——《计算机信息系统安全专用产品检测和销售许可证管理办法》；

(2) 第 33 号令——《计算机信息网络国际联网安全保护管理办法》；

(3) 第 51 号令——《计算机病毒防治管理办法》；

(4) 中华人民共和国公共安全行业标准——《计算机信息系统安全专用产品分类原则》；

(5)《关于对＜中华人民共和国计算机信息系统安全保护条例＞中涉及的“有害数据”问题的批复》，等。

2) 国家保密局发布

国家保密局发布的信息安全部门规章与规范性文件有《计算机信息系统国际联网保密管理规定》，等。

3) 国务院新闻办公室发布

国务院新闻办公室信息产业部发布的信息安全部门规章与规范性文件有《互联网站从事登载新闻业务管理暂行规定》，等。

4) 中国互联网络信息中心 (CNNIC) 发布

(1)《中国互联网络信息中心域名争议解决办法》；

(2)《中国互联网络域名注册暂行管理办法》，等。

5) 新闻出版总署发布

新闻出版总署发布的信息安全部门规章与规范性文件有《电子出版物出版管理规定》，等。

6) 工业和信息化部发布

(1)《电信和互联网用户个人信息保护规定》；

(2)《工业和信息化领域数据安全管理办法》；

(3)《电信网间互联管理暂行规定》；

(4)《关于互联网中文域名管理的通告》；

(5)《计算机信息系统集成资质管理办法》；

(6)《软件企业认定标准及管理办法 (试行)》；

(7)《关于处理恶意占用域名资源行为的批复》；

(8)《互联网上网服务营业场所管理办法》；

(9)《计算机信息网络国际联网出入口信道管理办法》；

(10)《通信建设市场管理办法》；

(11)《通信行政处罚程序暂行规定》；

(12)《中国公共计算机互联网国际联网管理办法》；

(13)《中国公众多媒体通信管理办法》；

(14)《中国金桥信息网公众多媒体信息服务管理办法》，等。

7) 国家密码管理局发布

(1)《证书认证系统密码及其相关安全技术规范》；

(2)《商用密码产品使用管理规定》；

(3)《数字证书认证系统密码协议规范》；

(4)《电子认证服务密码管理办法》，等。

8) 科学技术部发布

科学技术部发布的信息安全部门规章与规范性文件有《科学技术保密规定》，等。

9) 最高人民法院发布

(1)《最高人民法院关于审理扰乱电信市场管理秩序案件具体应用法律若干问题的解释》；

(2)《最高人民法院关于审理涉及计算机网络域名民事纠纷案件适用法律若干问题的解释》；

(3)《最高人民法院关于审理利用信息网络侵害人身权益民事纠纷案件适用法律若干问题的规定》，等。

10) 教育部发布

教育部发布的信息安全部门规章与规范性文件有《教育网站和网校暂行管理办法》，等。

11) 证监会发布

证监会发布的信息安全部门规章与规范性文件有《网上证券委托暂行管理办法》，等。

4. 信息安全地方法律法规

地方各级政府也发布了信息安全地方法律法规，代表性的有：

(1) 1999 年 3 月 7 日广东省九届人大颁布的《广东省技术秘密保护条例》；

(2) 2003 年 6 月 24 日广东省人民政府颁布的《广东省电子政务信息安全管理暂行办法》；

(3) 1996 年 1 月 1 日深圳市第四届人民代表大会常务委员会发布的《深圳经济特区企业技术秘密保护条例》。

思 考 题

1. 简述我国信息安全法律规范的基本原则。

2. 我国信息安全法律规范的体系主要包括哪几个方面？

3. 简述信息安全法律规范的作用。

第四章　网络安全法与个人信息保护法

《网络安全法》的出台使得网络安全有法可依，信息安全行业由合规性驱动过渡到合规性和强制性驱动并重。同时，随着互联网行业的高速发展，人们的日常生活越来越离不开网络，随之而来的个人信息安全问题也愈加广泛和突出，为了保护个人信息权益，规范个人信息处理活动，我国出台了《中华人民共和国个人信息保护法》(以下简称《个人信息保护法》)。本章对这两部重要的法律及相关内容进行介绍，并对网络道德进行简单介绍。

4.1　中华人民共和国网络安全法

2015 年 6 月，第十二届全国人民代表大会常务委员会第十五次会议初次审议了《中华人民共和国网络安全法 (草案)》。2015 年 7 月 6 日至 8 月 5 日，该草案面向社会公开征求意见。2016 年 6 月，第十二届全国人民代表大会常务委员会第二十一次会议对草案二次审议稿进行了审议，随后将《中华人民共和国网络安全法 (草案二次审议稿)》面向社会公开征求意见；10 月 31 日，《中华人民共和国网络安全法 (草案三次审议稿)》提请全国人民代表大会常务委员会审议；11 月 7 日，全国人民代表大会常务委员会表决通过了《中华人民共和国网络安全法》。

4.1.1　法律全文

第一章　总　　则

第一条　为了保障网络安全，维护网络空间主权和国家安全、社会公共利益，保护公民、法人和其他组织的合法权益，促进经济社会信息化健康发展，制定本法。

第二条　在中华人民共和国境内建设、运营、维护和使用网络，以及网络安全的监督管理，适用本法。

第三条　国家坚持网络安全与信息化发展并重，遵循积极利用、科学发展、依法管理、确保安全的方针，推进网络基础设施建设和互联互通，鼓励网络技术创新和应用，支持培养网络安全人才，建立健全网络安全保障体系，提高网络安全保护能力。

第四条　国家制定并不断完善网络安全战略，明确保障网络安全的基本要求和主要目标，提出重点领域的网络安全政策、工作任务和措施。

第五条　国家采取措施，监测、防御、处置来源于中华人民共和国境内外的网络安全风险和威胁，保护关键信息基础设施免受攻击、侵入、干扰和破坏，依法惩治网络违法犯罪活动，维护网络空间安全和秩序。

第六条　国家倡导诚实守信、健康文明的网络行为，推动传播社会主义核心价值观，采取措施提高全社会的网络安全意识和水平，形成全社会共同参与促进网络安全的良好环境。

第七条　国家积极开展网络空间治理、网络技术研发和标准制定、打击网络违法犯罪等方面的国际交流与合作，推动构建和平、安全、开放、合作的网络空间，建立多边、民主、透明的网络治理体系。

第八条　国家网信部门负责统筹协调网络安全工作和相关监督管理工作。国务院电信主管部门、公安部门和其他有关机关依照本法和有关法律、行政法规的规定，在各自职责范围内负责网络安全保护和监督管理工作。

县级以上地方人民政府有关部门的网络安全保护和监督管理职责，按照国家有关规定确定。

第九条　网络运营者开展经营和服务活动，必须遵守法律、行政法规，尊重社会公德，遵守商业道德，诚实信用，履行网络安全保护义务，接受政府和社会的监督，承担社会责任。

第十条　建设、运营网络或者通过网络提供服务，应当依照法律、行政法规的规定和国家标准的强制性要求，采取技术措施和其他必要措施，保障网络安全、稳定运行，有效应对网络安全事件，防范网络违法犯罪活动，维护网络数据的完整性、保密性和可用性。

第十一条　网络相关行业组织按照章程，加强行业自律，制定网络安全行为规范，指导会员加强网络安全保护，提高网络安全保护水平，促进行业健康发展。

第十二条　国家保护公民、法人和其他组织依法使用网络的权利，促进网络接入普及，提升网络服务水平，为社会提供安全、便利的网络服务，保障网络信息依法有序自由流动。

任何个人和组织使用网络应当遵守宪法法律，遵守公共秩序，尊重社会公德，不得危害网络安全，不得利用网络从事危害国家安全、荣誉和利益，煽动颠覆国家政权、推翻社会主义制度，煽动分裂国家、破坏国家统一，宣扬恐怖主义、极端主义，宣扬民族仇恨、民族歧视，传播暴力、淫秽色情信息，编造、传播虚假信息扰乱经济秩序和社会秩序，以及侵害他人名誉、隐私、知识产权和其他合法权益等活动。

第十三条　国家支持研究开发有利于未成年人健康成长的网络产品和服务，依法惩治利用网络从事危害未成年人身心健康的活动，为未成年人提供安全、健康的网络环境。

第十四条　任何个人和组织有权对危害网络安全的行为向网信、电信、公安等部门举报。收到举报的部门应当及时依法作出处理；不属于本部门职责的，应当及时移送有权处理的部门。

有关部门应当对举报人的相关信息予以保密，保护举报人的合法权益。

第二章　网络安全支持与促进

第十五条　国家建立和完善网络安全标准体系。国务院标准化行政主管部门和国务院其他有关部门根据各自的职责，组织制定并适时修订有关网络安全管理以及网络产品、服务和运行安全的国家标准、行业标准。

国家支持企业、研究机构、高等学校、网络相关行业组织参与网络安全国家标准、行业标准的制定。

第十六条　国务院和省、自治区、直辖市人民政府应当统筹规划，加大投入，扶持重点网络安全技术产业和项目，支持网络安全技术的研究开发和应用，推广安全可信的网络产品和服务，保护网络技术知识产权，支持企业、研究机构和高等学校等参与国家网络安全技术创新项目。

第十七条　国家推进网络安全社会化服务体系建设，鼓励有关企业、机构开展网络安全认证、检测和风险评估等安全服务。

第十八条　国家鼓励开发网络数据安全保护和利用技术，促进公共数据资源开放，推动技术创新和经济社会发展。

国家支持创新网络安全管理方式，运用网络新技术，提升网络安全保护水平。

第十九条　各级人民政府及其有关部门应当组织开展经常性的网络安全宣传教育，并指导、督促有关单位做好网络安全宣传教育工作。

大众传播媒介应当有针对性地面向社会进行网络安全宣传教育。

第二十条　国家支持企业和高等学校、职业学校等教育培训机构开展网络安全相关教育与培训，采取多种方式培养网络安全人才，促进网络安全人才交流。

第三章　网络运行安全

第一节　一般规定

第二十一条　国家实行网络安全等级保护制度。网络运营者应当按照网络安全等级保护制度的要求，履行下列安全保护义务，保障网络免受干扰、破坏或者未经授权的访问，防止网络数据泄露或者被窃取、篡改：

（一）制定内部安全管理制度和操作规程，确定网络安全负责人，落实网络安全保护责任；

（二）采取防范计算机病毒和网络攻击、网络侵入等危害网络安全行为的技术措施；

（三）采取监测、记录网络运行状态、网络安全事件的技术措施，并按照规定留存相关的网络日志不少于六个月；

（四）采取数据分类、重要数据备份和加密等措施；

（五）法律、行政法规规定的其他义务。

第二十二条　网络产品、服务应当符合相关国家标准的强制性要求。网络产品、服务的提供者不得设置恶意程序；发现其网络产品、服务存在安全缺陷、漏洞等风险时，应当立即采取补救措施，按照规定及时告知用户并向有关主管部门报告。

网络产品、服务的提供者应当为其产品、服务持续提供安全维护；在规定或者当事人约定的期限内，不得终止提供安全维护。

网络产品、服务具有收集用户信息功能的，其提供者应当向用户明示并取得同意；涉及用户个人信息的，还应当遵守本法和有关法律、行政法规关于个人信息保护的规定。

第二十三条 网络关键设备和网络安全专用产品应当按照相关国家标准的强制性要求，由具备资格的机构安全认证合格或者安全检测符合要求后，方可销售或者提供。国家网信部门会同国务院有关部门制定、公布网络关键设备和网络安全专用产品目录，并推动安全认证和安全检测结果互认，避免重复认证、检测。

第二十四条 网络运营者为用户办理网络接入、域名注册服务，办理固定电话、移动电话等入网手续，或者为用户提供信息发布、即时通信等服务，在与用户签订协议或者确认提供服务时，应当要求用户提供真实身份信息。用户不提供真实身份信息的，网络运营者不得为其提供相关服务。

国家实施网络可信身份战略，支持研究开发安全、方便的电子身份认证技术，推动不同电子身份认证之间的互认。

第二十五条 网络运营者应当制定网络安全事件应急预案，及时处置系统漏洞、计算机病毒、网络攻击、网络侵入等安全风险；在发生危害网络安全的事件时，立即启动应急预案，采取相应的补救措施，并按照规定向有关主管部门报告。

第二十六条 开展网络安全认证、检测、风险评估等活动，向社会发布系统漏洞、计算机病毒、网络攻击、网络侵入等网络安全信息，应当遵守国家有关规定。

第二十七条 任何个人和组织不得从事非法侵入他人网络、干扰他人网络正常功能、窃取网络数据等危害网络安全的活动；不得提供专门用于从事侵入网络、干扰网络正常功能及防护措施、窃取网络数据等危害网络安全活动的程序、工具；明知他人从事危害网络安全的活动的，不得为其提供技术支持、广告推广、支付结算等帮助。

第二十八条 网络运营者应当为公安机关、国家安全机关依法维护国家安全和侦查犯罪的活动提供技术支持和协助。

第二十九条 国家支持网络运营者之间在网络安全信息收集、分析、通报和应急处置等方面进行合作，提高网络运营者的安全保障能力。

有关行业组织建立健全本行业的网络安全保护规范和协作机制，加强对网络安全风险的分析评估，定期向会员进行风险警示，支持、协助会员应对网络安全风险。

第三十条 网信部门和有关部门在履行网络安全保护职责中获取的信息，只能用于维护网络安全的需要，不得用于其他用途。

第二节 关键信息基础设施的运行安全

第三十一条 国家对公共通信和信息服务、能源、交通、水利、金融、公共服务、电子政务等重要行业和领域，以及其他一旦遭到破坏、丧失功能或者数据泄露，可能严重危害国家安全、国计民生、公共利益的关键信息基础设施，在网络安全等级保护制度的基础上，实行重点保护。关键信息基础设施的具体范围和安全保护办法由国务院制定。

国家鼓励关键信息基础设施以外的网络运营者自愿参与关键信息基础设施保护体系。

第三十二条 按照国务院规定的职责分工，负责关键信息基础设施安全保护工作的部门分别编制并组织实施本行业、本领域的关键信息基础设施安全规划，指导和监督关键信息基础设施运行安全保护工作。

第三十三条　建设关键信息基础设施应当确保其具有支持业务稳定、持续运行的性能，并保证安全技术措施同步规划、同步建设、同步使用。

第三十四条　除本法第二十一条的规定外，关键信息基础设施的运营者还应当履行下列安全保护义务：

（一）设置专门安全管理机构和安全管理负责人，并对该负责人和关键岗位的人员进行安全背景审查；

（二）定期对从业人员进行网络安全教育、技术培训和技能考核；

（三）对重要系统和数据库进行容灾备份；

（四）制定网络安全事件应急预案，并定期进行演练；

（五）法律、行政法规规定的其他义务。

第三十五条　关键信息基础设施的运营者采购网络产品和服务，可能影响国家安全的，应当通过国家网信部门会同国务院有关部门组织的国家安全审查。

第三十六条　关键信息基础设施的运营者采购网络产品和服务，应当按照规定与提供者签订安全保密协议，明确安全和保密义务与责任。

第三十七条　关键信息基础设施的运营者在中华人民共和国境内运营中收集和产生的个人信息和重要数据应当在境内存储。因业务需要，确需向境外提供的，应当按照国家网信部门会同国务院有关部门制定的办法进行安全评估；法律、行政法规另有规定的，依照其规定。

第三十八条　关键信息基础设施的运营者应当自行或者委托网络安全服务机构对其网络的安全性和可能存在的风险每年至少进行一次检测评估，并将检测评估情况和改进措施报送相关负责关键信息基础设施安全保护工作的部门。

第三十九条　国家网信部门应当统筹协调有关部门对关键信息基础设施的安全保护采取下列措施：

（一）对关键信息基础设施的安全风险进行抽查检测，提出改进措施，必要时可以委托网络安全服务机构对网络存在的安全风险进行检测评估；

（二）定期组织关键信息基础设施的运营者进行网络安全应急演练，提高应对网络安全事件的水平和协同配合能力；

（三）促进有关部门、关键信息基础设施的运营者以及有关研究机构、网络安全服务机构等之间的网络安全信息共享；

（四）对网络安全事件的应急处置与网络功能的恢复等，提供技术支持和协助。

第四章　网络信息安全

第四十条　网络运营者应当对其收集的用户信息严格保密，并建立健全用户信息保护制度。

第四十一条　网络运营者收集、使用个人信息，应当遵循合法、正当、必要的原则，公开收集、使用规则，明示收集、使用信息的目的、方式和范围，并经被收集者同意。

网络运营者不得收集与其提供的服务无关的个人信息，不得违反法律、行政法规的规定和双方的约定收集、使用个人信息，并应当依照法律、行政法规的规定和与用户的约定，处理其保存的个人信息。

第四十二条　网络运营者不得泄露、篡改、毁损其收集的个人信息；未经被收集者同意，不得向他人提供个人信息。但是，经过处理无法识别特定个人且不能复原的除外。

网络运营者应当采取技术措施和其他必要措施，确保其收集的个人信息安全，防止信息泄露、毁损、丢失。在发生或者可能发生个人信息泄露、毁损、丢失的情况时，应当立即采取补救措施，按照规定及时告知用户并向有关主管部门报告。

第四十三条　个人发现网络运营者违反法律、行政法规的规定或者双方的约定收集、使用其个人信息的，有权要求网络运营者删除其个人信息；发现网络运营者收集、存储的其个人信息有错误的，有权要求网络运营者予以更正。网络运营者应当采取措施予以删除或者更正。

第四十四条　任何个人和组织不得窃取或者以其他非法方式获取个人信息，不得非法出售或者非法向他人提供个人信息。

第四十五条　依法负有网络安全监督管理职责的部门及其工作人员，必须对在履行职责中知悉的个人信息、隐私和商业秘密严格保密，不得泄露、出售或者非法向他人提供。

第四十六条　任何个人和组织应当对其使用网络的行为负责，不得设立用于实施诈骗，传授犯罪方法，制作或者销售违禁物品、管制物品等违法犯罪活动的网站、通信群组，不得利用网络发布涉及实施诈骗，制作或者销售违禁物品、管制物品以及其他违法犯罪活动的信息。

第四十七条　网络运营者应当加强对其用户发布的信息的管理，发现法律、行政法规禁止发布或者传输的信息的，应当立即停止传输该信息，采取消除等处置措施，防止信息扩散，保存有关记录，并向有关主管部门报告。

第四十八条　任何个人和组织发送的电子信息、提供的应用软件，不得设置恶意程序，不得含有法律、行政法规禁止发布或者传输的信息。

电子信息发送服务提供者和应用软件下载服务提供者，应当履行安全管理义务，知道其用户有前款规定行为的，应当停止提供服务，采取消除等处置措施，保存有关记录，并向有关主管部门报告。

第四十九条　网络运营者应当建立网络信息安全投诉、举报制度，公布投诉、举报方式等信息，及时受理并处理有关网络信息安全的投诉和举报。

网络运营者对网信部门和有关部门依法实施的监督检查，应当予以配合。

第五十条　国家网信部门和有关部门依法履行网络信息安全监督管理职责，发现法律、行政法规禁止发布或者传输的信息的，应当要求网络运营者停止传输，采取消除等处置措施，保存有关记录；对来源于中华人民共和国境外的上述信息，应当通知有关机构采取技术措施和其他必要措施阻断传播。

第五章　监测预警与应急处置

第五十一条　国家建立网络安全监测预警和信息通报制度。国家网信部门应当统筹协调有关部门加强网络安全信息收集、分析和通报工作，按照规定统一发布网络安全监测预警信息。

第五十二条　负责关键信息基础设施安全保护工作的部门，应当建立健全本行业、本领域的网络安全监测预警和信息通报制度，并按照规定报送网络安全监测预警信息。

第五十三条　国家网信部门协调有关部门建立健全网络安全风险评估和应急工作机制，制定网络安全事件应急预案，并定期组织演练。

负责关键信息基础设施安全保护工作的部门应当制定本行业、本领域的网络安全事件应急预案，并定期组织演练。

网络安全事件应急预案应当按照事件发生后的危害程度、影响范围等因素对网络安全事件进行分级，并规定相应的应急处置措施。

第五十四条　网络安全事件发生的风险增大时，省级以上人民政府有关部门应当按照规定的权限和程序，并根据网络安全风险的特点和可能造成的危害，采取下列措施：

（一）要求有关部门、机构和人员及时收集、报告有关信息，加强对网络安全风险的监测；

（二）组织有关部门、机构和专业人员，对网络安全风险信息进行分析评估，预测事件发生的可能性、影响范围和危害程度；

（三）向社会发布网络安全风险预警，发布避免、减轻危害的措施。

第五十五条　发生网络安全事件，应当立即启动网络安全事件应急预案，对网络安全事件进行调查和评估，要求网络运营者采取技术措施和其他必要措施，消除安全隐患，防止危害扩大，并及时向社会发布与公众有关的警示信息。

第五十六条　省级以上人民政府有关部门在履行网络安全监督管理职责中，发现网络存在较大安全风险或者发生安全事件的，可以按照规定的权限和程序对该网络的运营者的法定代表人或者主要负责人进行约谈。网络运营者应当按照要求采取措施，进行整改，消除隐患。

第五十七条　因网络安全事件，发生突发事件或者生产安全事故的，应当依照《中华人民共和国突发事件应对法》《中华人民共和国安全生产法》等有关法律、行政法规的规定处置。

第五十八条　因维护国家安全和社会公共秩序，处置重大突发社会安全事件的需要，经国务院决定或者批准，可以在特定区域对网络通信采取限制等临时措施。

第六章　法　律　责　任

第五十九条　网络运营者不履行本法第二十一条、第二十五条规定的网络安全保护义务的，由有关主管部门责令改正，给予警告；拒不改正或者导致危害网络安全等后果的，处一万元以上十万元以下罚款，对直接负责的主管人员处五千元以上五万元以下罚款。

关键信息基础设施的运营者不履行本法第三十三条、第三十四条、第三十六条、第三十八条规定的网络安全保护义务的，由有关主管部门责令改正，给予警告；拒不改正或者导致危害网络安全等后果的，处十万元以上一百万元以下罚款，对直接负责的主管人员处一万元以上十万元以下罚款。

第六十条　违反本法第二十二条第一款、第二款和第四十八条第一款规定，有下列行为之一的，由有关主管部门责令改正，给予警告；拒不改正或者导致危害网络安全等后果的，处五万元以上五十万元以下罚款，对直接负责的主管人员处一万元以上十万元以下罚款：

（一）设置恶意程序的；

（二）对其产品、服务存在的安全缺陷、漏洞等风险未立即采取补救措施，或者未按照规定及时告知用户并向有关主管部门报告的；

（三）擅自终止为其产品、服务提供安全维护的。

第六十一条　网络运营者违反本法第二十四条第一款规定，未要求用户提供真实身份信息，或者对不提供真实身份信息的用户提供相关服务的，由有关主管部门责令改正；拒不改正或者情节严重的，处五万元以上五十万元以下罚款，并可以由有关主管部门责令暂停相关业务、停业整顿、关闭网站、吊销相关业务许可证或者吊销营业执照，对直接负责的主管人员和其他直接责任人员处一万元以上十万元以下罚款。

第六十二条　违反本法第二十六条规定，开展网络安全认证、检测、风险评估等活动，或者向社会发布系统漏洞、计算机病毒、网络攻击、网络侵入等网络安全信息的，由有关主管部门责令改正，给予警告；拒不改正或者情节严重的，处一万元以上十万元以下罚款，并可以由有关主管部门责令暂停相关业务、停业整顿、关闭网站、吊销相关业务许可证或者吊销营业执照，对直接负责的主管人员和其他直接责任人员处五千元以上五万元以下罚款。

第六十三条　违反本法第二十七条规定，从事危害网络安全的活动，或者提供专门用于从事危害网络安全活动的程序、工具，或者为他人从事危害网络安全的活动提供技术支持、广告推广、支付结算等帮助，尚不构成犯罪的，由公安机关没收违法所得，处五日以下拘留，可以并处五万元以上五十万元以下罚款；情节较重的，处五日以上十五日以下拘留，可以并处十万元以上一百万元以下罚款。

单位有前款行为的，由公安机关没收违法所得，处十万元以上一百万元以下罚款，并对直接负责的主管人员和其他直接责任人员依照前款规定处罚。

违反本法第二十七条规定，受到治安管理处罚的人员，五年内不得从事网络安全管理和网络运营关键岗位的工作；受到刑事处罚的人员，终身不得从事网络安全管理和网络运营关键岗位的工作。

第六十四条 网络运营者、网络产品或者服务的提供者违反本法第二十二条第三款、第四十一条至第四十三条规定，侵害个人信息依法得到保护的权利的，由有关主管部门责令改正，可以根据情节单处或者并处警告、没收违法所得、处违法所得一倍以上十倍以下罚款，没有违法所得的，处一百万元以下罚款，对直接负责的主管人员和其他直接责任人员处一万元以上十万元以下罚款；情节严重的，并可以责令暂停相关业务、停业整顿、关闭网站、吊销相关业务许可证或者吊销营业执照。

违反本法第四十四条规定，窃取或者以其他非法方式获取、非法出售或者非法向他人提供个人信息，尚不构成犯罪的，由公安机关没收违法所得，并处违法所得一倍以上十倍以下罚款，没有违法所得的，处一百万元以下罚款。

第六十五条 关键信息基础设施的运营者违反本法第三十五条规定，使用未经安全审查或者安全审查未通过的网络产品或者服务的，由有关主管部门责令停止使用，处采购金额一倍以上十倍以下罚款；对直接负责的主管人员和其他直接责任人员处一万元以上十万元以下罚款。

第六十六条 关键信息基础设施的运营者违反本法第三十七条规定，在境外存储网络数据，或者向境外提供网络数据的，由有关主管部门责令改正，给予警告，没收违法所得，处五万元以上五十万元以下罚款，并可以责令暂停相关业务、停业整顿、关闭网站、吊销相关业务许可证或者吊销营业执照；对直接负责的主管人员和其他直接责任人员处一万元以上十万元以下罚款。

第六十七条 违反本法第四十六条规定，设立用于实施违法犯罪活动的网站、通信群组，或者利用网络发布涉及实施违法犯罪活动的信息，尚不构成犯罪的，由公安机关处五日以下拘留，可以并处一万元以上十万元以下罚款；情节较重的，处五日以上十五日以下拘留，可以并处五万元以上五十万元以下罚款。关闭用于实施违法犯罪活动的网站、通信群组。

单位有前款行为的，由公安机关处十万元以上五十万元以下罚款，并对直接负责的主管人员和其他直接责任人员依照前款规定处罚。

第六十八条 网络运营者违反本法第四十七条规定，对法律、行政法规禁止发布或者传输的信息未停止传输、采取消除等处置措施、保存有关记录的，由有关主管部门责令改正，给予警告，没收违法所得；拒不改正或者情节严重的，处十万元以上五十万元以下罚款，并可以责令暂停相关业务、停业整顿、关闭网站、吊销相关业务许可证或者吊销营业执照，对直接负责的主管人员和其他直接责任人员处一万元以上十万元以下罚款。

电子信息发送服务提供者、应用软件下载服务提供者，不履行本法第四十八条第二款规定的安全管理义务的，依照前款规定处罚。

第六十九条 网络运营者违反本法规定，有下列行为之一的，由有关主管部门责令改正；拒不改正或者情节严重的，处五万元以上五十万元以下罚款，对直接负责的主管人员和其他直接责任人员，处一万元以上十万元以下罚款：

（一）不按照有关部门的要求对法律、行政法规禁止发布或者传输的信息，采取停止传输、消除等处置措施的；

（二）拒绝、阻碍有关部门依法实施的监督检查的；

（三）拒不向公安机关、国家安全机关提供技术支持和协助的。

第七十条 发布或者传输本法第十二条第二款和其他法律、行政法规禁止发布或者传输的信息的，依照有关法律、行政法规的规定处罚。

第七十一条 有本法规定的违法行为的，依照有关法律、行政法规的规定记入信用档案，并予以公示。

第七十二条 国家机关政务网络的运营者不履行本法规定的网络安全保护义务的，由其上级机关或者有关机关责令改正；对直接负责的主管人员和其他直接责任人员依法给予处分。

第七十三条 网信部门和有关部门违反本法第三十条规定，将在履行网络安全保护职责中获取的信息用于其他用途的，对直接负责的主管人员和其他直接责任人员依法给予处分。

网信部门和有关部门的工作人员玩忽职守、滥用职权、徇私舞弊，尚不构成犯罪的，依法给予处分。

第七十四条 违反本法规定，给他人造成损害的，依法承担民事责任。

违反本法规定，构成违反治安管理行为的，依法给予治安管理处罚；构成犯罪的，依法追究刑事责任。

第七十五条 境外的机构、组织、个人从事攻击、侵入、干扰、破坏等危害中华人民共和国的关键信息基础设施的活动，造成严重后果的，依法追究法律责任；国务院公安部门和有关部门并可以决定对该机构、组织、个人采取冻结财产或者其他必要的制裁措施。

第七章 附 则

第七十六条 本法下列用语的含义：

（一）网络，是指由计算机或者其他信息终端及相关设备组成的按照一定的规则和程序对信息进行收集、存储、传输、交换、处理的系统；

（二）网络安全，是指通过采取必要措施，防范对网络的攻击、侵入、干扰、破坏和非法使用以及意外事故，使网络处于稳定可靠运行的状态，以及保障网络数据的完整性、保密性、可用性的能力；

（三）网络运营者，是指网络的所有者、管理者和网络服务提供者；

（四）网络数据，是指通过网络收集、存储、传输、处理和产生的各种电子数据；

（五）个人信息，是指以电子或者其他方式记录的能够单独或者与其他信息结合识别自然人个人身份的各种信息，包括但不限于自然人的姓名、出生日期、身份证件号码、个人生物识别信息、住址、电话号码等。

第七十七条 存储、处理涉及国家秘密信息的网络的运行安全保护，除应当遵守本法外，还应当遵守保密法律、行政法规的规定。

第七十八条　军事网络的安全保护，由中央军事委员会另行规定。

第七十九条　本法自 2017 年 6 月 1 日起施行。

4.1.2　立法的意义

《网络安全法》的出台具有里程碑式的意义。它是全面落实党的十八大和十八届三中、四中、五中、六中全会相关决策部署的重大举措，是我国第一部网络安全的专门性综合性立法，提出了应对网络安全挑战这一全球性问题的中国方案。此次立法进程的迅速推进，显示了党和国家对网络安全问题的高度重视，是我国网络安全法治建设的一个重大战略契机。

4.2　中华人民共和国个人信息保护法

《个人信息保护法》于 2021 年 8 月 20 日第十三届全国人民代表大会常务委员会第三十次会议通过，中华人民共和国第 91 号主席令公布，自 2021 年 11 月 1 日起施行。

4.2.1　法律全文

第一章　总　　则

第一条　为了保护个人信息权益，规范个人信息处理活动，促进个人信息合理利用，根据宪法，制定本法。

第二条　自然人的个人信息受法律保护，任何组织、个人不得侵害自然人的个人信息权益。

第三条　在中华人民共和国境内处理自然人个人信息的活动，适用本法。

在中华人民共和国境外处理中华人民共和国境内自然人个人信息的活动，有下列情形之一的，也适用本法：

(一)以向境内自然人提供产品或者服务为目的；

(二)分析、评估境内自然人的行为；

(三)法律、行政法规规定的其他情形。

第四条　个人信息是以电子或者其他方式记录的与已识别或者可识别的自然人有关的各种信息，不包括匿名化处理后的信息。

个人信息的处理包括个人信息的收集、存储、使用、加工、传输、提供、公开、删除等。

第五条　处理个人信息应当遵循合法、正当、必要和诚信原则，不得通过误导、欺诈、胁迫等方式处理个人信息。

第六条　处理个人信息应当具有明确、合理的目的，并应当与处理目的直接相关，采取对个人权益影响最小的方式。

收集个人信息，应当限于实现处理目的的最小范围，不得过度收集个人信息。

第七条　处理个人信息应当遵循公开、透明原则，公开个人信息处理规则，明示处理的目的、方式和范围。

第八条　处理个人信息应当保证个人信息的质量，避免因个人信息不准确、不完整对个人权益造成不利影响。

第九条　个人信息处理者应当对其个人信息处理活动负责，并采取必要措施保障所处理的个人信息的安全。

第十条　任何组织、个人不得非法收集、使用、加工、传输他人个人信息，不得非法买卖、提供或者公开他人个人信息；不得从事危害国家安全、公共利益的个人信息处理活动。

第十一条　国家建立健全个人信息保护制度，预防和惩治侵害个人信息权益的行为，加强个人信息保护宣传教育，推动形成政府、企业、相关社会组织、公众共同参与个人信息保护的良好环境。

第十二条　国家积极参与个人信息保护国际规则的制定，促进个人信息保护方面的国际交流与合作，推动与其他国家、地区、国际组织之间的个人信息保护规则、标准等互认。

第二章　个人信息处理规则

第一节　一般规定

第十三条　符合下列情形之一的，个人信息处理者方可处理个人信息：

（一）取得个人的同意；

（二）为订立、履行个人作为一方当事人的合同所必需，或者按照依法制定的劳动规章制度和依法签订的集体合同实施人力资源管理所必需；

（三）为履行法定职责或者法定义务所必需；

（四）为应对突发公共卫生事件，或者紧急情况下为保护自然人的生命健康和财产安全所必需；

（五）为公共利益实施新闻报道、舆论监督等行为，在合理的范围内处理个人信息；

（六）依照本法规定在合理的范围内处理个人自行公开或者其他已经合法公开的个人信息；

（七）法律、行政法规规定的其他情形。

依照本法其他有关规定，处理个人信息应当取得个人同意，但是有前款第二项至第七项规定情形的，不需取得个人同意。

第十四条　基于个人同意处理个人信息的，该同意应当由个人在充分知情的前提下自愿、明确作出。法律、行政法规规定处理个人信息应当取得个人单独同意或者书面同意的，从其规定。

个人信息的处理目的、处理方式和处理的个人信息种类发生变更的，应当重新取得个人同意。

第十五条　基于个人同意处理个人信息的，个人有权撤回其同意。个人信息处理者应当提供便捷的撤回同意的方式。

个人撤回同意，不影响撤回前基于个人同意已进行的个人信息处理活动的效力。

第十六条　个人信息处理者不得以个人不同意处理其个人信息或者撤回同意为由，拒绝提供产品或者服务；处理个人信息属于提供产品或者服务所必需的除外。

第十七条　个人信息处理者在处理个人信息前，应当以显著方式、清晰易懂的语言真实、准确、完整地向个人告知下列事项：

（一）个人信息处理者的名称或者姓名和联系方式；

（二）个人信息的处理目的、处理方式，处理的个人信息种类、保存期限；

（三）个人行使本法规定权利的方式和程序；

（四）法律、行政法规规定应当告知的其他事项。

前款规定事项发生变更的，应当将变更部分告知个人。

个人信息处理者通过制定个人信息处理规则的方式告知第一款规定事项的，处理规则应当公开，并且便于查阅和保存。

第十八条　个人信息处理者处理个人信息，有法律、行政法规规定应当保密或者不需要告知的情形的，可以不向个人告知前条第一款规定的事项。

紧急情况下为保护自然人的生命健康和财产安全无法及时向个人告知的，个人信息处理者应当在紧急情况消除后及时告知。

第十九条　除法律、行政法规另有规定外，个人信息的保存期限应当为实现处理目的所必要的最短时间。

第二十条　两个以上的个人信息处理者共同决定个人信息的处理目的和处理方式的，应当约定各自的权利和义务。但是，该约定不影响个人向其中任何一个个人信息处理者要求行使本法规定的权利。

个人信息处理者共同处理个人信息，侵害个人信息权益造成损害的，应当依法承担连带责任。

第二十一条　个人信息处理者委托处理个人信息的，应当与受托人约定委托处理的目的、期限、处理方式、个人信息的种类、保护措施以及双方的权利和义务等，并对受托人的个人信息处理活动进行监督。

受托人应当按照约定处理个人信息，不得超出约定的处理目的、处理方式等处理个人信息；委托合同不生效、无效、被撤销或者终止的，受托人应当将个人信息返还个人信息处理者或者予以删除，不得保留。

未经个人信息处理者同意，受托人不得转委托他人处理个人信息。

第二十二条　个人信息处理者因合并、分立、解散、被宣告破产等原因需要转移个人信息的，应当向个人告知接收方的名称或者姓名和联系方式。接收方应当继续履行个人信息处理者的义务。接收方变更原先的处理目的、处理方式的，应当依照本法规定重新取得个人同意。

第二十三条　个人信息处理者向其他个人信息处理者提供其处理的个人信息的，应当向个人告知接收方的名称或者姓名、联系方式、处理目的、处理方式和个人信息的种类，并取得个人的单独同意。接收方应当在上述处理目的、处理方式和个人信息的种类等范围内处理个人信息。接收方变更原先的处理目的、处理方式的，应当依照本法规定重新取得个人同意。

第二十四条　个人信息处理者利用个人信息进行自动化决策，应当保证决策的透明度和结果公平、公正，不得对个人在交易价格等交易条件上实行不合理的差别待遇。

通过自动化决策方式向个人进行信息推送、商业营销，应当同时提供不针对其个人特征的选项，或者向个人提供便捷的拒绝方式。

通过自动化决策方式作出对个人权益有重大影响的决定，个人有权要求个人信息处理者予以说明，并有权拒绝个人信息处理者仅通过自动化决策的方式作出决定。

第二十五条　个人信息处理者不得公开其处理的个人信息，取得个人单独同意的除外。

第二十六条　在公共场所安装图像采集、个人身份识别设备，应当为维护公共安全所必需，遵守国家有关规定，并设置显著的提示标识。所收集的个人图像、身份识别信息只能用于维护公共安全的目的，不得用于其他目的；取得个人单独同意的除外。

第二十七条　个人信息处理者可以在合理的范围内处理个人自行公开或者其他已经合法公开的个人信息；个人明确拒绝的除外。个人信息处理者处理已公开的个人信息，对个人权益有重大影响的，应当依照本法规定取得个人同意。

第二节　敏感个人信息的处理规则

第二十八条　敏感个人信息是一旦泄露或者非法使用，容易导致自然人的人格尊严受到侵害或者人身、财产安全受到危害的个人信息，包括生物识别、宗教信仰、特定身份、医疗健康、金融账户、行踪轨迹等信息，以及不满十四周岁未成年人的个人信息。

只有在具有特定的目的和充分的必要性，并采取严格保护措施的情形下，个人信息处理者方可处理敏感个人信息。

第二十九条　处理敏感个人信息应当取得个人的单独同意；法律、行政法规规定处理敏感个人信息应当取得书面同意的，从其规定。

第三十条　个人信息处理者处理敏感个人信息的，除本法第十七条第一款规定的事项外，还应当向个人告知处理敏感个人信息的必要性以及对个人权益的影响；依照本法规定可以不向个人告知的除外。

第三十一条　个人信息处理者处理不满十四周岁未成年人个人信息的，应当取得未成年人的父母或者其他监护人的同意。

个人信息处理者处理不满十四周岁未成年人个人信息的，应当制定专门的个人信息处理规则。

第三十二条　法律、行政法规对处理敏感个人信息规定应当取得相关行政许可或者作出其他限制的，从其规定。

第三节　国家机关处理个人信息的特别规定

第三十三条　国家机关处理个人信息的活动，适用本法；本节有特别规定的，适用本节规定。

第三十四条　国家机关为履行法定职责处理个人信息，应当依照法律、行政法规规定的权限、程序进行，不得超出履行法定职责所必需的范围和限度。

第三十五条　国家机关为履行法定职责处理个人信息，应当依照本法规定履行告知义务；有本法第十八条第一款规定的情形，或者告知将妨碍国家机关履行法定职责的除外。

第三十六条　国家机关处理的个人信息应当在中华人民共和国境内存储；确需向境外提供的，应当进行安全评估。安全评估可以要求有关部门提供支持与协助。

第三十七条　法律、法规授权的具有管理公共事务职能的组织为履行法定职责处理个人信息，适用本法关于国家机关处理个人信息的规定。

第三章　个人信息跨境提供的规则

第三十八条　个人信息处理者因业务等需要，确需向中华人民共和国境外提供个人信息的，应当具备下列条件之一：

（一）依照本法第四十条的规定通过国家网信部门组织的安全评估；

（二）按照国家网信部门的规定经专业机构进行个人信息保护认证；

（三）按照国家网信部门制定的标准合同与境外接收方订立合同，约定双方的权利和义务；

（四）法律、行政法规或者国家网信部门规定的其他条件。

中华人民共和国缔结或者参加的国际条约、协定对向中华人民共和国境外提供个人信息的条件等有规定的，可以按照其规定执行。

个人信息处理者应当采取必要措施，保障境外接收方处理个人信息的活动达到本法规定的个人信息保护标准。

第三十九条　个人信息处理者向中华人民共和国境外提供个人信息的，应当向个人告知境外接收方的名称或者姓名、联系方式、处理目的、处理方式、个人信息的种类以及个人向境外接收方行使本法规定权利的方式和程序等事项，并取得个人的单独同意。

第四十条　关键信息基础设施运营者和处理个人信息达到国家网信部门规定数量的个人信息处理者，应当将在中华人民共和国境内收集和产生的个人信息存储在境内。确需向境外提供的，应当通过国家网信部门组织的安全评估；法律、行政法规和国家网信部门规定可以不进行安全评估的，从其规定。

第四十一条　中华人民共和国主管机关根据有关法律和中华人民共和国缔结或者参加的国际条约、协定，或者按照平等互惠原则，处理外国司法或者执法机构关于提供存储于境内个人信息的请求。非经中华人民共和国主管机关批准，个人信息处理者不得向外国司法或者执法机构提供存储于中华人民共和国境内的个人信息。

第四十二条　境外的组织、个人从事侵害中华人民共和国公民的个人信息权益，或者危害中华人民共和国国家安全、公共利益的个人信息处理活动的，国家网信部门可以将其列入限制或者禁止个人信息提供清单，予以公告，并采取限制或者禁止向其提供个人信息等措施。

第四十三条　任何国家或者地区在个人信息保护方面对中华人民共和国采取歧视性的禁止、限制或者其他类似措施的，中华人民共和国可以根据实际情况对该国家或者地区对等采取措施。

第四章　个人在个人信息处理活动中的权利

第四十四条　个人对其个人信息的处理享有知情权、决定权，有权限制或者拒绝他人对其个人信息进行处理；法律、行政法规另有规定的除外。

第四十五条　个人有权向个人信息处理者查阅、复制其个人信息；有本法第十八条第一款、第三十五条规定情形的除外。

个人请求查阅、复制其个人信息的，个人信息处理者应当及时提供。

个人请求将个人信息转移至其指定的个人信息处理者，符合国家网信部门规定条件的，个人信息处理者应当提供转移的途径。

第四十六条　个人发现其个人信息不准确或者不完整的，有权请求个人信息处理者更正、补充。

个人请求更正、补充其个人信息的，个人信息处理者应当对其个人信息予以核实，并及时更正、补充。

第四十七条　有下列情形之一的，个人信息处理者应当主动删除个人信息；个人信息处理者未删除的，个人有权请求删除：

（一）处理目的已实现、无法实现或者为实现处理目的不再必要；

（二）个人信息处理者停止提供产品或者服务，或者保存期限已届满；

（三）个人撤回同意；

（四）个人信息处理者违反法律、行政法规或者违反约定处理个人信息；

（五）法律、行政法规规定的其他情形。

法律、行政法规规定的保存期限未届满，或者删除个人信息从技术上难以实现的，个人信息处理者应当停止除存储和采取必要的安全保护措施之外的处理。

第四十八条　个人有权要求个人信息处理者对其个人信息处理规则进行解释说明。

第四十九条　自然人死亡的，其近亲属为了自身的合法、正当利益，可以对死者的相关个人信息行使本章规定的查阅、复制、更正、删除等权利；死者生前另有安排的除外。

第五十条　个人信息处理者应当建立便捷的个人行使权利的申请受理和处理机制。拒绝个人行使权利的请求的，应当说明理由。

个人信息处理者拒绝个人行使权利的请求的，个人可以依法向人民法院提起诉讼。

第五章　个人信息处理者的义务

第五十一条　个人信息处理者应当根据个人信息的处理目的、处理方式、个人信息的种类以及对个人权益的影响、可能存在的安全风险等，采取下列措施确保个人信息处理活动符合法律、行政法规的规定，并防止未经授权的访问以及个人信息泄露、篡改、丢失：

（一）制定内部管理制度和操作规程；

（二）对个人信息实行分类管理；

（三）采取相应的加密、去标识化等安全技术措施；

（四）合理确定个人信息处理的操作权限，并定期对从业人员进行安全教育和培训；

（五）制定并组织实施个人信息安全事件应急预案；

（六）法律、行政法规规定的其他措施。

第五十二条　处理个人信息达到国家网信部门规定数量的个人信息处理者应当指定个人信息保护负责人，负责对个人信息处理活动以及采取的保护措施等进行监督。

个人信息处理者应当公开个人信息保护负责人的联系方式，并将个人信息保护负责人的姓名、联系方式等报送履行个人信息保护职责的部门。

第五十三条　本法第三条第二款规定的中华人民共和国境外的个人信息处理者，应当在中华人民共和国境内设立专门机构或者指定代表，负责处理个人信息保护相关事务，并将有关机构的名称或者代表的姓名、联系方式等报送履行个人信息保护职责的部门。

第五十四条　个人信息处理者应当定期对其处理个人信息遵守法律、行政法规的情况进行合规审计。

第五十五条　有下列情形之一的，个人信息处理者应当事前进行个人信息保护影响评估，并对处理情况进行记录：

（一）处理敏感个人信息；

（二）利用个人信息进行自动化决策；

（三）委托处理个人信息、向其他个人信息处理者提供个人信息、公开个人信息；

（四）向境外提供个人信息；

（五）其他对个人权益有重大影响的个人信息处理活动。

第五十六条　个人信息保护影响评估应当包括下列内容：

（一）个人信息的处理目的、处理方式等是否合法、正当、必要；

（二）对个人权益的影响及安全风险；

（三）所采取的保护措施是否合法、有效并与风险程度相适应。

个人信息保护影响评估报告和处理情况记录应当至少保存三年。

第五十七条　发生或者可能发生个人信息泄露、篡改、丢失的，个人信息处理者应当

立即采取补救措施,并通知履行个人信息保护职责的部门和个人。通知应当包括下列事项:

(一)发生或者可能发生个人信息泄露、篡改、丢失的信息种类、原因和可能造成的危害;

(二)个人信息处理者采取的补救措施和个人可以采取的减轻危害的措施;

(三)个人信息处理者的联系方式。

个人信息处理者采取措施能够有效避免信息泄露、篡改、丢失造成危害的,个人信息处理者可以不通知个人;履行个人信息保护职责的部门认为可能造成危害的,有权要求个人信息处理者通知个人。

第五十八条　提供重要互联网平台服务、用户数量巨大、业务类型复杂的个人信息处理者,应当履行下列义务:

(一)按照国家规定建立健全个人信息保护合规制度体系,成立主要由外部成员组成的独立机构对个人信息保护情况进行监督;

(二)遵循公开、公平、公正的原则,制定平台规则,明确平台内产品或者服务提供者处理个人信息的规范和保护个人信息的义务;

(三)对严重违反法律、行政法规处理个人信息的平台内的产品或者服务提供者,停止提供服务;

(四)定期发布个人信息保护社会责任报告,接受社会监督。

第五十九条　接受委托处理个人信息的受托人,应当依照本法和有关法律、行政法规的规定,采取必要措施保障所处理的个人信息的安全,并协助个人信息处理者履行本法规定的义务。

第六章　履行个人信息保护职责的部门

第六十条　国家网信部门负责统筹协调个人信息保护工作和相关监督管理工作。国务院有关部门依照本法和有关法律、行政法规的规定,在各自职责范围内负责个人信息保护和监督管理工作。

县级以上地方人民政府有关部门的个人信息保护和监督管理职责,按照国家有关规定确定。

前两款规定的部门统称为履行个人信息保护职责的部门。

第六十一条　履行个人信息保护职责的部门履行下列个人信息保护职责:

(一)开展个人信息保护宣传教育,指导、监督个人信息处理者开展个人信息保护工作;

(二)接受、处理与个人信息保护有关的投诉、举报;

(三)组织对应用程序等个人信息保护情况进行测评,并公布测评结果;

(四)调查、处理违法个人信息处理活动;

(五)法律、行政法规规定的其他职责。

第六十二条　国家网信部门统筹协调有关部门依据本法推进下列个人信息保护工作:

（一）制定个人信息保护具体规则、标准；

（二）针对小型个人信息处理者、处理敏感个人信息以及人脸识别、人工智能等新技术、新应用，制定专门的个人信息保护规则、标准；

（三）支持研究开发和推广应用安全、方便的电子身份认证技术，推进网络身份认证公共服务建设；

（四）推进个人信息保护社会化服务体系建设，支持有关机构开展个人信息保护评估、认证服务；

（五）完善个人信息保护投诉、举报工作机制。

第六十三条　履行个人信息保护职责的部门履行个人信息保护职责，可以采取下列措施：

（一）询问有关当事人，调查与个人信息处理活动有关的情况；

（二）查阅、复制当事人与个人信息处理活动有关的合同、记录、账簿以及其他有关资料；

（三）实施现场检查，对涉嫌违法的个人信息处理活动进行调查；

（四）检查与个人信息处理活动有关的设备、物品；对有证据证明是用于违法个人信息处理活动的设备、物品，向本部门主要负责人书面报告并经批准，可以查封或者扣押。

履行个人信息保护职责的部门依法履行职责，当事人应当予以协助、配合，不得拒绝、阻挠。

第六十四条　履行个人信息保护职责的部门在履行职责中，发现个人信息处理活动存在较大风险或者发生个人信息安全事件的，可以按照规定的权限和程序对该个人信息处理者的法定代表人或者主要负责人进行约谈，或者要求个人信息处理者委托专业机构对其个人信息处理活动进行合规审计。个人信息处理者应当按照要求采取措施，进行整改，消除隐患。

履行个人信息保护职责的部门在履行职责中，发现违法处理个人信息涉嫌犯罪的，应当及时移送公安机关依法处理。

第六十五条　任何组织、个人有权对违法个人信息处理活动向履行个人信息保护职责的部门进行投诉、举报。收到投诉、举报的部门应当依法及时处理，并将处理结果告知投诉、举报人。

履行个人信息保护职责的部门应当公布接受投诉、举报的联系方式。

第七章　法　律　责　任

第六十六条　违反本法规定处理个人信息，或者处理个人信息未履行本法规定的个人信息保护义务的，由履行个人信息保护职责的部门责令改正，给予警告，没收违法所得，对违法处理个人信息的应用程序，责令暂停或者终止提供服务；拒不改正的，并处一百万元以下罚款；对直接负责的主管人员和其他直接责任人员处一万元以上十万元以下罚款。

有前款规定的违法行为，情节严重的，由省级以上履行个人信息保护职责的部门责令改正，没收违法所得，并处五千万元以下或者上一年度营业额百分之五以下罚款，并可以责令暂停相关业务或者停业整顿、通报有关主管部门吊销相关业务许可或者吊销营业执照；对直接负责的主管人员和其他直接责任人员处十万元以上一百万元以下罚款，并可以决定禁止其在一定期限内担任相关企业的董事、监事、高级管理人员和个人信息保护负责人。

第六十七条 有本法规定的违法行为的，依照有关法律、行政法规的规定记入信用档案，并予以公示。

第六十八条 国家机关不履行本法规定的个人信息保护义务的，由其上级机关或者履行个人信息保护职责的部门责令改正；对直接负责的主管人员和其他直接责任人员依法给予处分。

履行个人信息保护职责的部门的工作人员玩忽职守、滥用职权、徇私舞弊，尚不构成犯罪的，依法给予处分。

第六十九条 处理个人信息侵害个人信息权益造成损害，个人信息处理者不能证明自己没有过错的，应当承担损害赔偿等侵权责任。

前款规定的损害赔偿责任按照个人因此受到的损失或者个人信息处理者因此获得的利益确定；个人因此受到的损失和个人信息处理者因此获得的利益难以确定的，根据实际情况确定赔偿数额。

第七十条 个人信息处理者违反本法规定处理个人信息，侵害众多个人的权益的，人民检察院、法律规定的消费者组织和由国家网信部门确定的组织可以依法向人民法院提起诉讼。

第七十一条 违反本法规定，构成违反治安管理行为的，依法给予治安管理处罚；构成犯罪的，依法追究刑事责任。

第八章 附　　则

第七十二条 自然人因个人或者家庭事务处理个人信息的，不适用本法。

法律对各级人民政府及其有关部门组织实施的统计、档案管理活动中的个人信息处理有规定的，适用其规定。

第七十三条 本法下列用语的含义：

（一）个人信息处理者，是指在个人信息处理活动中自主决定处理目的、处理方式的组织、个人；

（二）自动化决策，是指通过计算机程序自动分析、评估个人的行为习惯、兴趣爱好或者经济、健康、信用状况等，并进行决策的活动；

（三）去标识化，是指个人信息经过处理，使其在不借助额外信息的情况下无法识别特定自然人的过程；

（四）匿名化，是指个人信息经过处理无法识别特定自然人且不能复原的过程。

第七十四条　本法自 2021 年 11 月 1 日起施行。

4.2.2　立法的意义

随着信息化与经济社会持续深度融合，网络已成为生产生活的新空间、经济发展的新引擎、交流合作的新纽带。2024 年 3 月 22 日，中国互联网络信息中心发布第 53 次《中国互联网络发展状况统计报告》。报告显示，截至 2023 年 12 月，我国网民规模达 10.92 亿人，互联网网站 388 万个。虽然近年来我国个人信息保护力度不断加大，但在现实生活中，一些企业、机构甚至个人，从商业利益等角度出发，随意收集、违法获取、过度使用、非法买卖个人信息，利用个人信息侵扰人民群众生活、危害人民群众生命健康和财产安全等问题仍十分突出。在信息化时代，个人信息保护成为广大人民群众最关心、最直接、最现实的利益问题之一。

《个人信息保护法》是国家及时回应广大人民群众的呼声和期待，落实党中央部署要求，制定的一部个人信息保护方面的专门性法律，具有重要的意义。

(1) 制定《个人信息保护法》是进一步加强个人信息保护法制保障的客观要求。

党的十八大以来，全国人民代表大会及其常务委员会在制定关于加强网络信息保护的决定、网络安全法、电子商务法、修改消费者权益保护法等立法工作中，确立了个人信息保护的主要规则；在修改刑法时，完善了惩治侵害个人信息犯罪的法律制度；在编纂民法典时，将个人信息受法律保护作为一项重要民事权利作出规定。我国个人信息保护法律制度逐步建立，但仍难以适应信息化快速发展的现实情况和人民日益增长的美好生活需要。因此，在现行法律的基础上制定和出台《个人信息保护法》，增强了法律规范的系统性、针对性和可操作性，在个人信息保护方面形成了更加完备的制度、提供了更加有力的法律保障。

(2) 制定《个人信息保护法》是维护网络空间良好生态的现实需要。

网络空间是亿万民众共同的家园，必须在法治轨道上运行。违法收集、使用个人信息等行为，不仅损害人民群众的切身利益，而且危害交易安全，扰乱市场竞争，破坏网络空间秩序。因此，制定和出台《个人信息保护法》，有利于以严密的制度、严格的标准、严厉的责任，规范个人信息处理活动，落实企业、机构等个人信息处理者的法律义务和责任，维护网络空间良好生态。

(3) 制定《个人信息保护法》是促进数字经济健康发展的重要举措。

当前，以数据为新生产要素的数字经济蓬勃发展，数据竞争已成为国际竞争的重要领域，而个人信息数据是大数据的核心和基础。依据建设网络强国、数字中国、智慧社会的要求，需要统筹个人信息保护与利用，通过立法建立权责明确、保护有效、利用规范的制度规则，在保障个人信息权益的基础上，促进信息数据依法合理有效利用，推动数字经济持续健康地发展。

4.3　信息安全法律法规与网络道德规范

随着互联网的普及和发展，网络空间已成为人们生活的重要组成部分，但同时也面临着诸多挑战和问题。网络道德的建设对于解决这些问题至关重要。首先，网络道德有助于规范人们在网络空间的行为，通过善恶标准、社会舆论、内心信念和传统习惯来评价和调节网络时空中的行为，确保网络活动的有序进行；其次，加强网络道德建设是培养时代新人的重要途径，通过提高人们的道德素养，促进社会主义核心价值观的践行，推动社会进步；第三，网络道德建设是维护社会和谐稳定的必要条件，通过引导网民形成正确的道德判断和行为，减少网络空间中传播的不良信息，保护未成年人免受不良信息的影响。

可见，网络道德对于规范网络行为、维护网络空间的健康秩序、促进社会和谐稳定、保护个人隐私和信息安全具有重要作用。

4.3.1　网络道德的概念及特点

1. 网络道德的概念

道德是社会意识的总和，是在一定条件下调整人与人之间以及人与社会之间的行为规范的总和，宏观世界通过各种形式的教育及社会力量，使人们形成一个良好的信念和习惯。

马克思主义伦理学认为，道德是一种社会意识，是调整人和人之间以及人和社会之间关系的一种特殊的行为规范的总和，它体现着一定社会或阶级的行为规范和要求。作为"特殊"的行为规范，道德的一个重要特征就是，它不是靠国家权力强制执行的，而是人们在实践中约定俗成的并且靠人们内心的信念、教育和社会舆论来维持。

根据这个原理，作为在网络这个特定条件下的"道德"，"网络道德"是在网络环境或网络条件下调整人和人之间以及人和社会之间关系的一种行为规范。这种"规范"从其功能来看，就是通过引导和约束在网络环境或网络条件下人和人之间的行为，实现保障网络正常运行的目的。

综上所述，网络道德是指在网络环境或网络条件下，为适应、保障和维护网络正常有序的发展，而逐渐形成的调整人和人之间以及人和社会之间关系的一种行为规范。

2. 网络道德的特点

道德虽然是由一定社会经济关系决定的，但它作为一种社会意识，其发展有相对独立性。这主要表现为道德发展的"超前性"和"滞后性"。作为新生事物的"网络道德"，这种"超前性"和"滞后性"的并存交叉更为明显。一方面，作为一个高度自由、开放的"世界"，自由平等、个性化的交流方式，使得人们在网络上表现出的道德观念总体上更趋向于宽容、文明、平等、友善，这既反映了技术发展的要求，也反映了人类道德文明的发展趋势，这是网络道德"超前性"的典型体现。但另一方面，网络的高度自由和开放，并不完全脱离和排斥现实道德规范的影响，尤其是作为网络健康发展的重要保障，网络对人们行为的自律性要求，较之现实道德的要求更为苛刻和严格。

4.3.2　道德层面上的网络行为规范

除了在法律法规层面上对网络规范进行约束之外，各个国家和地区或有关组织也在道德层面上提出了网络行为规范，比较典型和著名的有美国计算机伦理学会制定的八条戒律。其内容如下：

(1) 不应用计算机去伤害他人；

(2) 不应窥探他人的文件；

(3) 不应用计算机进行偷窃和作伪证；

(4) 不应使用或拷贝你没有付钱的软件；

(5) 不应未经许可而使用他人的计算机资源；

(6) 不应盗用他人的智力成果；

(7) 应该考虑你所编的程序的社会后果；

(8) 应该以深思熟虑和慎重的方式来使用计算机。

中国互联网协会于 2006 年 4 月 19 日发布《文明上网自律公约》(以下简称"公约")，号召互联网从业者和广大网民从自身做起，在以积极态度促进互联网健康发展的同时，承担起应负的社会责任，始终把国家和公众利益放在首位，坚持文明办网，文明上网。"公约"全文如下：

自觉遵纪守法，倡导社会公德，促进绿色网络建设；

提倡先进文化，摒弃消极颓废，促进网络文明健康；

提倡自主创新，摒弃盗版剽窃，促进网络应用繁荣；

提倡互相尊重，摒弃造谣诽谤，促进网络和谐共处；

提倡诚实守信，摒弃弄虚作假，促进网络安全可信；

提倡社会关爱，摒弃低俗沉迷，促进少年健康成长；

提倡公平竞争，摒弃尔虞我诈，促进网络百花齐放；

提倡人人受益，消除数字鸿沟，促进信息资源共享。

思 考 题

1. 网络运营者应当按照网络安全等级保护制度的要求，履行哪些安全保护义务？

2. 个人信息处理者在符合哪些情形下方可处理个人信息？

3. 简述网络道德的概念和特点。

第五章　信息安全国家法律

根据《中华人民共和国立法法》和有关法律的规定，全国人民代表大会及其常务委员会制定法律的程序包括法律案的提出、法律案的审议、法律案的表决、法律的公布四个阶段。法律的公布是立法的最后一道程序。我国《宪法》规定，中华人民共和国主席根据全国人民代表大会的决定和全国人民代表大会常务委员会的决定，公布法律。

本章从法律层面上介绍重要的已公布的信息安全相关的国家法律。

5.1　中华人民共和国保守国家秘密法

《中华人民共和国保守国家秘密法》(以下简称《保守国家秘密法》) 于 1988 年 9 月 5 日第七届全国人民代表大会常务委员会第三次会议通过，2010 年 4 月 29 日第十一届全国人民代表大会常务委员会第十四次会议第一次修订，2024 年 2 月 27 日第十四届全国人民代表大会常务委员会第八次会议第二次修订。

5.1.1　法律全文

第一章　总　　则

第一条　为了保守国家秘密，维护国家安全和利益，保障改革开放和社会主义现代化建设事业的顺利进行，根据宪法，制定本法。

第二条　国家秘密是关系国家安全和利益，依照法定程序确定，在一定时间内只限一定范围的人员知悉的事项。

第三条　坚持中国共产党对保守国家秘密 (以下简称保密) 工作的领导。中央保密工作领导机构领导全国保密工作，研究制定、指导实施国家保密工作战略和重大方针政策，统筹协调国家保密重大事项和重要工作，推进国家保密法治建设。

第四条　保密工作坚持总体国家安全观，遵循党管保密、依法管理，积极防范、突出重点，技管并重、创新发展的原则，既确保国家秘密安全，又便利信息资源合理利用。

法律、行政法规规定公开的事项，应当依法公开。

第五条　国家秘密受法律保护。

一切国家机关和武装力量、各政党和各人民团体、企业事业组织和其他社会组织以及公民都有保密的义务。

任何危害国家秘密安全的行为，都必须受到法律追究。

第六条 国家保密行政管理部门主管全国的保密工作。县级以上地方各级保密行政管理部门主管本行政区域的保密工作。

第七条 国家机关和涉及国家秘密的单位（以下简称机关、单位）管理本机关和本单位的保密工作。

中央国家机关在其职权范围内管理或者指导本系统的保密工作。

第八条 机关、单位应当实行保密工作责任制，依法设置保密工作机构或者指定专人负责保密工作，健全保密管理制度，完善保密防护措施，开展保密宣传教育，加强保密监督检查。

第九条 国家采取多种形式加强保密宣传教育，将保密教育纳入国民教育体系和公务员教育培训体系，鼓励大众传播媒介面向社会进行保密宣传教育，普及保密知识，宣传保密法治，增强全社会的保密意识。

第十条 国家鼓励和支持保密科学技术研究和应用，提升自主创新能力，依法保护保密领域的知识产权。

第十一条 县级以上人民政府应当将保密工作纳入本级国民经济和社会发展规划，所需经费列入本级预算。

机关、单位开展保密工作所需经费应当列入本机关、本单位年度预算或者年度收支计划。

第十二条 国家加强保密人才培养和队伍建设，完善相关激励保障机制。

对在保守、保护国家秘密工作中做出突出贡献的组织和个人，按照国家有关规定给予表彰和奖励。

第二章 国家秘密的范围和密级

第十三条 下列涉及国家安全和利益的事项，泄露后可能损害国家在政治、经济、国防、外交等领域的安全和利益的，应当确定为国家秘密：

（一）国家事务重大决策中的秘密事项；

（二）国防建设和武装力量活动中的秘密事项；

（三）外交和外事活动中的秘密事项以及对外承担保密义务的秘密事项；

（四）国民经济和社会发展中的秘密事项；

（五）科学技术中的秘密事项；

（六）维护国家安全活动和追查刑事犯罪中的秘密事项；

（七）经国家保密行政管理部门确定的其他秘密事项。

政党的秘密事项中符合前款规定的，属于国家秘密。

第十四条 国家秘密的密级分为绝密、机密、秘密三级。

绝密级国家秘密是最重要的国家秘密，泄露会使国家安全和利益遭受特别严重的损害；机密级国家秘密是重要的国家秘密，泄露会使国家安全和利益遭受严重的损害；秘密级国家秘密是一般的国家秘密，泄露会使国家安全和利益遭受损害。

第十五条　国家秘密及其密级的具体范围(以下简称保密事项范围)，由国家保密行政管理部门单独或者会同有关中央国家机关规定。

军事方面的保密事项范围，由中央军事委员会规定。

保密事项范围的确定应当遵循必要、合理原则，科学论证评估，并根据情况变化及时调整。保密事项范围的规定应当在有关范围内公布。

第十六条　机关、单位主要负责人及其指定的人员为定密责任人，负责本机关、本单位的国家秘密确定、变更和解除工作。

机关、单位确定、变更和解除本机关、本单位的国家秘密，应当由承办人提出具体意见，经定密责任人审核批准。

第十七条　确定国家秘密的密级，应当遵守定密权限。

中央国家机关、省级机关及其授权的机关、单位可以确定绝密级、机密级和秘密级国家秘密；设区的市级机关及其授权的机关、单位可以确定机密级和秘密级国家秘密；特殊情况下无法按照上述规定授权定密的，国家保密行政管理部门或者省、自治区、直辖市保密行政管理部门可以授予机关、单位定密权限。具体的定密权限、授权范围由国家保密行政管理部门规定。

下级机关、单位认为本机关、本单位产生的有关定密事项属于上级机关、单位的定密权限，应当先行采取保密措施，并立即报请上级机关、单位确定；没有上级机关、单位的，应当立即提请有相应定密权限的业务主管部门或者保密行政管理部门确定。

公安机关、国家安全机关在其工作范围内按照规定的权限确定国家秘密的密级。

第十八条　机关、单位执行上级确定的国家秘密事项或者办理其他机关、单位确定的国家秘密事项，需要派生定密的，应当根据所执行、办理的国家秘密事项的密级确定。

第十九条　机关、单位对所产生的国家秘密事项，应当按照保密事项范围的规定确定密级，同时确定保密期限和知悉范围；有条件的可以标注密点。

第二十条　国家秘密的保密期限，应当根据事项的性质和特点，按照维护国家安全和利益的需要，限定在必要的期限内；不能确定期限的，应当确定解密的条件。

国家秘密的保密期限，除另有规定外，绝密级不超过三十年，机密级不超过二十年，秘密级不超过十年。

机关、单位应当根据工作需要，确定具体的保密期限、解密时间或者解密条件。

机关、单位对在决定和处理有关事项工作过程中确定需要保密的事项，根据工作需要决定公开的，正式公布时即视为解密。

第二十一条　国家秘密的知悉范围，应当根据工作需要限定在最小范围。

国家秘密的知悉范围能够限定到具体人员的，限定到具体人员；不能限定到具体人员的，限定到机关、单位，由该机关、单位限定到具体人员。

国家秘密的知悉范围以外的人员，因工作需要知悉国家秘密的，应当经过机关、单位主要负责人或者其指定的人员批准。原定密机关、单位对扩大国家秘密的知悉范围有明确规定的，应当遵守其规定。

第二十二条 机关、单位对承载国家秘密的纸介质、光介质、电磁介质等载体（以下简称国家秘密载体）以及属于国家秘密的设备、产品，应当作出国家秘密标志。

涉及国家秘密的电子文件应当按照国家有关规定作出国家秘密标志。

不属于国家秘密的，不得作出国家秘密标志。

第二十三条 国家秘密的密级、保密期限和知悉范围，应当根据情况变化及时变更。国家秘密的密级、保密期限和知悉范围的变更，由原定密机关、单位决定，也可以由其上级机关决定。

国家秘密的密级、保密期限和知悉范围变更的，应当及时书面通知知悉范围内的机关、单位或者人员。

第二十四条 机关、单位应当每年审核所确定的国家秘密。

国家秘密的保密期限已满的，自行解密。在保密期限内因保密事项范围调整不再作为国家秘密，或者公开后不会损害国家安全和利益，不需要继续保密的，应当及时解密；需要延长保密期限的，应当在原保密期限届满前重新确定密级、保密期限和知悉范围。提前解密或者延长保密期限的，由原定密机关、单位决定，也可以由其上级机关决定。

第二十五条 机关、单位对是否属于国家秘密或者属于何种密级不明确或者有争议的，由国家保密行政管理部门或者省、自治区、直辖市保密行政管理部门按照国家保密规定确定。

第三章 保 密 制 度

第二十六条 国家秘密载体的制作、收发、传递、使用、复制、保存、维修和销毁，应当符合国家保密规定。

绝密级国家秘密载体应当在符合国家保密标准的设施、设备中保存，并指定专人管理；未经原定密机关、单位或者其上级机关批准，不得复制和摘抄；收发、传递和外出携带，应当指定人员负责，并采取必要的安全措施。

第二十七条 属于国家秘密的设备、产品的研制、生产、运输、使用、保存、维修和销毁，应当符合国家保密规定。

第二十八条 机关、单位应当加强对国家秘密载体的管理，任何组织和个人不得有下列行为：

（一）非法获取、持有国家秘密载体；

（二）买卖、转送或者私自销毁国家秘密载体；

（三）通过普通邮政、快递等无保密措施的渠道传递国家秘密载体；

（四）寄递、托运国家秘密载体出境；

（五）未经有关主管部门批准，携带、传递国家秘密载体出境；

（六）其他违反国家秘密载体保密规定的行为。

第二十九条 禁止非法复制、记录、存储国家秘密。

禁止未按照国家保密规定和标准采取有效保密措施，在互联网及其他公共信息网络或者有线和无线通信中传递国家秘密。

禁止在私人交往和通信中涉及国家秘密。

第三十条 存储、处理国家秘密的计算机信息系统（以下简称涉密信息系统）按照涉密程度实行分级保护。

涉密信息系统应当按照国家保密规定和标准规划、建设、运行、维护，并配备保密设施、设备。保密设施、设备应当与涉密信息系统同步规划、同步建设、同步运行。

涉密信息系统应当按照规定，经检查合格后，方可投入使用，并定期开展风险评估。

第三十一条 机关、单位应当加强对信息系统、信息设备的保密管理，建设保密自监管设施，及时发现并处置安全保密风险隐患。任何组织和个人不得有下列行为：

（一）未按照国家保密规定和标准采取有效保密措施，将涉密信息系统、涉密信息设备接入互联网及其他公共信息网络；

（二）未按照国家保密规定和标准采取有效保密措施，在涉密信息系统、涉密信息设备与互联网及其他公共信息网络之间进行信息交换；

（三）使用非涉密信息系统、非涉密信息设备存储或者处理国家秘密；

（四）擅自卸载、修改涉密信息系统的安全技术程序、管理程序；

（五）将未经安全技术处理的退出使用的涉密信息设备赠送、出售、丢弃或者改作其他用途；

（六）其他违反信息系统、信息设备保密规定的行为。

第三十二条 用于保护国家秘密的安全保密产品和保密技术装备应当符合国家保密规定和标准。

国家建立安全保密产品和保密技术装备抽检、复检制度，由国家保密行政管理部门设立或者授权的机构进行检测。

第三十三条 报刊、图书、音像制品、电子出版物的编辑、出版、印制、发行，广播节目、电视节目、电影的制作和播放，网络信息的制作、复制、发布、传播，应当遵守国家保密规定。

第三十四条 网络运营者应当加强对其用户发布的信息的管理，配合监察机关、保密行政管理部门、公安机关、国家安全机关对涉嫌泄露国家秘密案件进行调查处理；发现利用互联网及其他公共信息网络发布的信息涉嫌泄露国家秘密的，应当立即停止传输该信息，保存有关记录，向保密行政管理部门或者公安机关、国家安全机关报告；应当根据保密行政管理部门或者公安机关、国家安全机关的要求，删除涉及泄露国家秘密的信息，并对有关设备进行技术处理。

第三十五条　机关、单位应当依法对拟公开的信息进行保密审查，遵守国家保密规定。

第三十六条　开展涉及国家秘密的数据处理活动及其安全监管应当符合国家保密规定。

国家保密行政管理部门和省、自治区、直辖市保密行政管理部门会同有关主管部门建立安全保密防控机制，采取安全保密防控措施，防范数据汇聚、关联引发的泄密风险。

机关、单位应当对汇聚、关联后属于国家秘密事项的数据依法加强安全管理。

第三十七条　机关、单位向境外或者向境外在中国境内设立的组织、机构提供国家秘密，任用、聘用的境外人员因工作需要知悉国家秘密的，按照国家有关规定办理。

第三十八条　举办会议或者其他活动涉及国家秘密的，主办单位应当采取保密措施，并对参加人员进行保密教育，提出具体保密要求。

第三十九条　机关、单位应当将涉及绝密级或者较多机密级、秘密级国家秘密的机构确定为保密要害部门，将集中制作、存放、保管国家秘密载体的专门场所确定为保密要害部位，按照国家保密规定和标准配备、使用必要的技术防护设施、设备。

第四十条　军事禁区、军事管理区和属于国家秘密不对外开放的其他场所、部位，应当采取保密措施，未经有关部门批准，不得擅自决定对外开放或者扩大开放范围。

涉密军事设施及其他重要涉密单位周边区域应当按照国家保密规定加强保密管理。

第四十一条　从事涉及国家秘密业务的企业事业单位，应当具备相应的保密管理能力，遵守国家保密规定。

从事国家秘密载体制作、复制、维修、销毁，涉密信息系统集成，武器装备科研生产，或者涉密军事设施建设等涉及国家秘密业务的企业事业单位，应当经过审查批准，取得保密资质。

第四十二条　采购涉及国家秘密的货物、服务的机关、单位，直接涉及国家秘密的工程建设、设计、施工、监理等单位，应当遵守国家保密规定。

机关、单位委托企业事业单位从事涉及国家秘密的业务，应当与其签订保密协议，提出保密要求，采取保密措施。

第四十三条　在涉密岗位工作的人员（以下简称涉密人员），按照涉密程度分为核心涉密人员、重要涉密人员和一般涉密人员，实行分类管理。

任用、聘用涉密人员应当按照国家有关规定进行审查。

涉密人员应当具有良好的政治素质和品行，经过保密教育培训，具备胜任涉密岗位的工作能力和保密知识技能，签订保密承诺书，严格遵守国家保密规定，承担保密责任。

涉密人员的合法权益受法律保护。对因保密原因合法权益受到影响和限制的涉密人员，按照国家有关规定给予相应待遇或者补偿。

第四十四条　机关、单位应当建立健全涉密人员管理制度，明确涉密人员的权利、岗位责任和要求，对涉密人员履行职责情况开展经常性的监督检查。

第四十五条　涉密人员出境应当经有关部门批准，有关机关认为涉密人员出境将对国家安全造成危害或者对国家利益造成重大损失的，不得批准出境。

第四十六条　涉密人员离岗离职应当遵守国家保密规定。机关、单位应当开展保密教育提醒，清退国家秘密载体，实行脱密期管理。涉密人员在脱密期内，不得违反规定就业和出境，不得以任何方式泄露国家秘密；脱密期结束后，应当遵守国家保密规定，对知悉的国家秘密继续履行保密义务。涉密人员严重违反离岗离职及脱密期国家保密规定的，机关、单位应当及时报告同级保密行政管理部门，由保密行政管理部门会同有关部门依法采取处置措施。

第四十七条　国家工作人员或者其他公民发现国家秘密已经泄露或者可能泄露时，应当立即采取补救措施并及时报告有关机关、单位。机关、单位接到报告后，应当立即作出处理，并及时向保密行政管理部门报告。

第四章　监督管理

第四十八条　国家保密行政管理部门依照法律、行政法规的规定，制定保密规章和国家保密标准。

第四十九条　保密行政管理部门依法组织开展保密宣传教育、保密检查、保密技术防护、保密违法案件调查处理工作，对保密工作进行指导和监督管理。

第五十条　保密行政管理部门发现国家秘密确定、变更或者解除不当的，应当及时通知有关机关、单位予以纠正。

第五十一条　保密行政管理部门依法对机关、单位遵守保密法律法规和相关制度的情况进行检查；涉嫌保密违法的，应当及时调查处理或者组织、督促有关机关、单位调查处理；涉嫌犯罪的，应当依法移送监察机关、司法机关处理。

对严重违反国家保密规定的涉密人员，保密行政管理部门应当建议有关机关、单位将其调离涉密岗位。

有关机关、单位和个人应当配合保密行政管理部门依法履行职责。

第五十二条　保密行政管理部门在保密检查和案件调查处理中，可以依法查阅有关材料、询问人员、记录情况，先行登记保存有关设施、设备、文件资料等；必要时，可以进行保密技术检测。

保密行政管理部门对保密检查和案件调查处理中发现的非法获取、持有的国家秘密载体，应当予以收缴；发现存在泄露国家秘密隐患的，应当要求采取措施，限期整改；对存在泄露国家秘密隐患的设施、设备、场所，应当责令停止使用。

第五十三条　办理涉嫌泄露国家秘密案件的机关，需要对有关事项是否属于国家秘密、属于何种密级进行鉴定的，由国家保密行政管理部门或者省、自治区、直辖市保密行政管理部门鉴定。

第五十四条　机关、单位对违反国家保密规定的人员不依法给予处分的，保密行政管理部门应当建议纠正；对拒不纠正的，提请其上一级机关或者监察机关对该机关、单位负有责任的领导人员和直接责任人员依法予以处理。

　　第五十五条　设区的市级以上保密行政管理部门建立保密风险评估机制、监测预警制度、应急处置制度，会同有关部门开展信息收集、分析、通报工作。

　　第五十六条　保密协会等行业组织依照法律、行政法规的规定开展活动，推动行业自律，促进行业健康发展。

第五章　法　律　责　任

　　第五十七条　违反本法规定，有下列情形之一，根据情节轻重，依法给予处分；有违法所得的，没收违法所得：

　　（一）非法获取、持有国家秘密载体的；

　　（二）买卖、转送或者私自销毁国家秘密载体的；

　　（三）通过普通邮政、快递等无保密措施的渠道传递国家秘密载体的；

　　（四）寄递、托运国家秘密载体出境，或者未经有关主管部门批准，携带、传递国家秘密载体出境的；

　　（五）非法复制、记录、存储国家秘密的；

　　（六）在私人交往和通信中涉及国家秘密的；

　　（七）未按照国家保密规定和标准采取有效保密措施，在互联网及其他公共信息网络或者有线和无线通信中传递国家秘密的；

　　（八）未按照国家保密规定和标准采取有效保密措施，将涉密信息系统、涉密信息设备接入互联网及其他公共信息网络的；

　　（九）未按照国家保密规定和标准采取有效保密措施，在涉密信息系统、涉密信息设备与互联网及其他公共信息网络之间进行信息交换的；

　　（十）使用非涉密信息系统、非涉密信息设备存储、处理国家秘密的；

　　（十一）擅自卸载、修改涉密信息系统的安全技术程序、管理程序的；

　　（十二）将未经安全技术处理的退出使用的涉密信息设备赠送、出售、丢弃或者改作其他用途的；

　　（十三）其他违反本法规定的情形。

　　有前款情形尚不构成犯罪，且不适用处分的人员，由保密行政管理部门督促其所在机关、单位予以处理。

　　第五十八条　机关、单位违反本法规定，发生重大泄露国家秘密案件的，依法对直接负责的主管人员和其他直接责任人员给予处分。不适用处分的人员，由保密行政管理部门督促其主管部门予以处理。

　　机关、单位违反本法规定，对应当定密的事项不定密，对不应当定密的事项定密，或者未履行解密审核责任，造成严重后果的，依法对直接负责的主管人员和其他直接责任人员给予处分。

第五十九条 网络运营者违反本法第三十四条规定的，由公安机关、国家安全机关、电信主管部门、保密行政管理部门按照各自职责分工依法予以处罚。

第六十条 取得保密资质的企业事业单位违反国家保密规定的，由保密行政管理部门责令限期整改，给予警告或者通报批评；有违法所得的，没收违法所得；情节严重的，暂停涉密业务、降低资质等级；情节特别严重的，吊销保密资质。

未取得保密资质的企业事业单位违法从事本法第四十一条第二款规定的涉密业务的，由保密行政管理部门责令停止涉密业务，给予警告或者通报批评；有违法所得的，没收违法所得。

第六十一条 保密行政管理部门的工作人员在履行保密管理职责中滥用职权、玩忽职守、徇私舞弊的，依法给予处分。

第六十二条 违反本法规定，构成犯罪的，依法追究刑事责任。

第六章 附 则

第六十三条 中国人民解放军和中国人民武装警察部队开展保密工作的具体规定，由中央军事委员会根据本法制定。

第六十四条 机关、单位对履行职能过程中产生或者获取的不属于国家秘密但泄露后会造成一定不利影响的事项，适用工作秘密管理办法采取必要的保护措施。工作秘密管理办法另行规定。

第六十五条 本法自 2024 年 5 月 1 日起施行。

5.1.2 立法的意义

《保守国家秘密法》的修订对于我国国家安全和利益的维护具有重大意义，具体体现在以下几个方面。

(1) 保守国家秘密，维护国家安全与利益。

《保守国家秘密法》的首要意义在于强化对国家秘密的保护，从而维护国家的安全和利益。国家秘密是关系国家安全和利益的重要信息，一旦泄露，可能对国家造成不可估量的损失。因此，通过设立和修订《保守国家秘密法》，可以更有效地预防国家秘密的泄露，确保国家的安全和利益不受侵害。

(2) 保障改革开放和社会主义建设事业的顺利进行。

随着改革开放和社会主义建设事业的深入推进，国家面临的安全形势也日趋复杂。设立和修订《保守国家秘密法》，有助于更好地适应这一形势的变化，为改革开放和社会主义建设事业提供有力的法律保障。通过加强保密工作，可以确保国家在政治、经济、国防、外交等领域的安全和利益不受侵害，为国家的长远发展创造稳定的环境。

(3) 完善保密法律制度，提升保密工作水平。

设立和修订《保守国家秘密法》还意味着对保密法律制度的完善。随着时代的发展，原有的保密法律制度可能已经难以完全适应新的形势和需求。通过修订本法，可以及时发现并弥补法律漏洞，提高保密工作的针对性和有效性。同时，这也有助于提升保密工作的整体水平，使之更加科学、规范、高效。

(4) 明确保密义务，强化法律责任。

新修订后的《保守国家秘密法》进一步明确了国家机关、武装力量、政党、社会团体、企业事业单位和公民在保守国家秘密方面的义务。这不仅有助于增强全社会的保密意识，还强化了相关主体在保密工作中的责任。同时，该法律也明确了对危害国家秘密安全行为的追究机制，从而形成了有效的威慑和惩戒效果。

综上所述，设立和修订《保守国家秘密法》不仅加强了我国保密工作的法制化，还为保障信息安全、促进国家发展提供了坚实的基础。它将为我国现代化进程中的保密工作提供有力支撑，确保在维护国家安全的同时，推动信息时代的正常发展。

5.2　中华人民共和国国家安全法

《中华人民共和国国家安全法》(以下简称《国家安全法》) 于 2015 年 7 月 1 日第十二届全国人民代表大会常务委员会第十五次会议通过，中华人民共和国第 29 号主席令公布，于 2015 年 7 月 1 日实施。

5.2.1　法律全文

第一章　总　　则

第一条　为了维护国家安全，保卫人民民主专政的政权和中国特色社会主义制度，保护人民的根本利益，保障改革开放和社会主义现代化建设的顺利进行，实现中华民族伟大复兴，根据宪法，制定本法。

第二条　国家安全是指国家政权、主权、统一和领土完整、人民福祉、经济社会可持续发展和国家其他重大利益相对处于没有危险和不受内外威胁的状态，以及保障持续安全状态的能力。

第三条　国家安全工作应当坚持总体国家安全观，以人民安全为宗旨，以政治安全为根本，以经济安全为基础，以军事、文化、社会安全为保障，以促进国际安全为依托，维护各领域国家安全，构建国家安全体系，走中国特色国家安全道路。

第四条　坚持中国共产党对国家安全工作的领导，建立集中统一、高效权威的国家安全领导体制。

第五条　中央国家安全领导机构负责国家安全工作的决策和议事协调，研究制定、指导实施国家安全战略和有关重大方针政策，统筹协调国家安全重大事项和重要工作，推动国家安全法治建设。

第六条　国家制定并不断完善国家安全战略，全面评估国际、国内安全形势，明确国家安全战略的指导方针、中长期目标、重点领域的国家安全政策、工作任务和措施。

第七条　维护国家安全，应当遵守宪法和法律，坚持社会主义法治原则，尊重和保障人权，依法保护公民的权利和自由。

第八条　维护国家安全，应当与经济社会发展相协调。国家安全工作应当统筹内部安全和外部安全、国土安全和国民安全、传统安全和非传统安全、自身安全和共同安全。

第九条　维护国家安全，应当坚持预防为主、标本兼治，专门工作与群众路线相结合，充分发挥专门机关和其他有关机关维护国家安全的职能作用，广泛动员公民和组织，防范、制止和依法惩治危害国家安全的行为。

第十条　维护国家安全，应当坚持互信、互利、平等、协作，积极同外国政府和国际组织开展安全交流合作，履行国际安全义务，促进共同安全，维护世界和平。

第十一条　中华人民共和国公民、一切国家机关和武装力量、各政党和各人民团体、企业事业组织和其他社会组织，都有维护国家安全的责任和义务。

中国的主权和领土完整不容侵犯和分割。维护国家主权、统一和领土完整是包括港澳同胞和台湾同胞在内的全中国人民的共同义务。

第十二条　国家对在维护国家安全工作中作出突出贡献的个人和组织给予表彰和奖励。

第十三条　国家机关工作人员在国家安全工作和涉及国家安全活动中，滥用职权、玩忽职守、徇私舞弊的，依法追究法律责任。

任何个人和组织违反本法和有关法律，不履行维护国家安全义务或者从事危害国家安全活动的，依法追究法律责任。

第十四条　每年 4 月 15 日为全民国家安全教育日。

第二章　维护国家安全的任务

第十五条　国家坚持中国共产党的领导，维护中国特色社会主义制度，发展社会主义民主政治，健全社会主义法治，强化权力运行制约和监督机制，保障人民当家作主的各项权利。

国家防范、制止和依法惩治任何叛国、分裂国家、煽动叛乱、颠覆或者煽动颠覆人民民主专政政权的行为；防范、制止和依法惩治窃取、泄露国家秘密等危害国家安全的行为；防范、制止和依法惩治境外势力的渗透、破坏、颠覆、分裂活动。

第十六条　国家维护和发展最广大人民的根本利益，保卫人民安全，创造良好生存发展条件和安定工作生活环境，保障公民的生命财产安全和其他合法权益。

第十七条　国家加强边防、海防和空防建设，采取一切必要的防卫和管控措施，保卫领陆、内水、领海和领空安全，维护国家领土主权和海洋权益。

第十八条　国家加强武装力量革命化、现代化、正规化建设，建设与保卫国家安全和发展利益需要相适应的武装力量；实施积极防御军事战略方针，防备和抵御侵略，制止武装颠覆和分裂；开展国际军事安全合作，实施联合国维和、国际救援、海上护航和维护国家海外利益的军事行动，维护国家主权、安全、领土完整、发展利益和世界和平。

第十九条　国家维护国家基本经济制度和社会主义市场经济秩序，健全预防和化解经济安全风险的制度机制，保障关系国民经济命脉的重要行业和关键领域、重点产业、重大基础设施和重大建设项目以及其他重大经济利益安全。

第二十条　国家健全金融宏观审慎管理和金融风险防范、处置机制，加强金融基础设施和基础能力建设，防范和化解系统性、区域性金融风险，防范和抵御外部金融风险的冲击。

第二十一条　国家合理利用和保护资源能源，有效管控战略资源能源的开发，加强战略资源能源储备，完善资源能源运输战略通道建设和安全保护措施，加强国际资源能源合作，全面提升应急保障能力，保障经济社会发展所需的资源能源持续、可靠和有效供给。

第二十二条　国家健全粮食安全保障体系，保护和提高粮食综合生产能力，完善粮食储备制度、流通体系和市场调控机制，健全粮食安全预警制度，保障粮食供给和质量安全。

第二十三条　国家坚持社会主义先进文化前进方向，继承和弘扬中华民族优秀传统文化，培育和践行社会主义核心价值观，防范和抵制不良文化的影响，掌握意识形态领域主导权，增强文化整体实力和竞争力。

第二十四条　国家加强自主创新能力建设，加快发展自主可控的战略高新技术和重要领域核心关键技术，加强知识产权的运用、保护和科技保密能力建设，保障重大技术和工程的安全。

第二十五条　国家建设网络与信息安全保障体系，提升网络与信息安全保护能力，加强网络和信息技术的创新研究和开发应用，实现网络和信息核心技术、关键基础设施和重要领域信息系统及数据的安全可控；加强网络管理，防范、制止和依法惩治网络攻击、网络入侵、网络窃密、散布违法有害信息等网络违法犯罪行为，维护国家网络空间主权、安全和发展利益。

第二十六条　国家坚持和完善民族区域自治制度，巩固和发展平等团结互助和谐的社会主义民族关系。坚持各民族一律平等，加强民族交往、交流、交融，防范、制止和依法惩治民族分裂活动，维护国家统一、民族团结和社会和谐，实现各民族共同团结奋斗、共同繁荣发展。

第二十七条　国家依法保护公民宗教信仰自由和正常宗教活动，坚持宗教独立自主自办的原则，防范、制止和依法惩治利用宗教名义进行危害国家安全的违法犯罪活动，反对境外势力干涉境内宗教事务，维护正常宗教活动秩序。

国家依法取缔邪教组织，防范、制止和依法惩治邪教违法犯罪活动。

第二十八条　国家反对一切形式的恐怖主义和极端主义，加强防范和处置恐怖主义的能力建设，依法开展情报、调查、防范、处置以及资金监管等工作，依法取缔恐怖活动组织和严厉惩治暴力恐怖活动。

第二十九条　国家健全有效预防和化解社会矛盾的体制机制，健全公共安全体系，积极预防、减少和化解社会矛盾，妥善处置公共卫生、社会安全等影响国家安全和社会稳定的突发事件，促进社会和谐，维护公共安全和社会安定。

第三十条　国家完善生态环境保护制度体系，加大生态建设和环境保护力度，划定生态保护红线，强化生态风险的预警和防控，妥善处置突发环境事件，保障人民赖以生存发展的大气、水、土壤等自然环境和条件不受威胁和破坏，促进人与自然和谐发展。

第三十一条　国家坚持和平利用核能和核技术，加强国际合作，防止核扩散，完善防扩散机制，加强对核设施、核材料、核活动和核废料处置的安全管理、监管和保护，加强核事故应急体系和应急能力建设，防止、控制和消除核事故对公民生命健康和生态环境的危害，不断增强有效应对和防范核威胁、核攻击的能力。

第三十二条　国家坚持和平探索和利用外层空间、国际海底区域和极地，增强安全进出、科学考察、开发利用的能力，加强国际合作，维护我国在外层空间、国际海底区域和极地的活动、资产和其他利益的安全。

第三十三条　国家依法采取必要措施，保护海外中国公民、组织和机构的安全和正当权益，保护国家的海外利益不受威胁和侵害。

第三十四条　国家根据经济社会发展和国家发展利益的需要，不断完善维护国家安全的任务。

第三章　维护国家安全的职责

第三十五条　全国人民代表大会依照宪法规定，决定战争和和平的问题，行使宪法规定的涉及国家安全的其他职权。

全国人民代表大会常务委员会依照宪法规定，决定战争状态的宣布，决定全国总动员或者局部动员，决定全国或者个别省、自治区、直辖市进入紧急状态，行使宪法规定的和全国人民代表大会授予的涉及国家安全的其他职权。

第三十六条　中华人民共和国主席根据全国人民代表大会的决定和全国人民代表大会常务委员会的决定，宣布进入紧急状态，宣布战争状态，发布动员令，行使宪法规定的涉及国家安全的其他职权。

第三十七条　国务院根据宪法和法律，制定涉及国家安全的行政法规，规定有关行政措施，发布有关决定和命令；实施国家安全法律法规和政策；依照法律规定决定省、自治区、直辖市的范围内部分地区进入紧急状态；行使宪法法律规定的和全国人民代表大会及其常务委员会授予的涉及国家安全的其他职权。

第三十八条　中央军事委员会领导全国武装力量，决定军事战略和武装力量的作战方针，统一指挥维护国家安全的军事行动，制定涉及国家安全的军事法规，发布有关决定和命令。

第三十九条　中央国家机关各部门按照职责分工，贯彻执行国家安全方针政策和法律法规，管理指导本系统、本领域国家安全工作。

第四十条　地方各级人民代表大会和县级以上地方各级人民代表大会常务委员会在本行政区域内，保证国家安全法律法规的遵守和执行。

地方各级人民政府依照法律法规规定管理本行政区域内的国家安全工作。

香港特别行政区、澳门特别行政区应当履行维护国家安全的责任。

第四十一条　人民法院依照法律规定行使审判权，人民检察院依照法律规定行使检察权，惩治危害国家安全的犯罪。

第四十二条　国家安全机关、公安机关依法搜集涉及国家安全的情报信息，在国家安全工作中依法行使侦查、拘留、预审和执行逮捕以及法律规定的其他职权。

有关军事机关在国家安全工作中依法行使相关职权。

第四十三条　国家机关及其工作人员在履行职责时，应当贯彻维护国家安全的原则。

国家机关及其工作人员在国家安全工作和涉及国家安全活动中，应当严格依法履行职责，不得超越职权、滥用职权，不得侵犯个人和组织的合法权益。

第四章　国家安全制度

第一节　一般规定

第四十四条　中央国家安全领导机构实行统分结合、协调高效的国家安全制度与工作机制。

第四十五条　国家建立国家安全重点领域工作协调机制，统筹协调中央有关职能部门推进相关工作。

第四十六条　国家建立国家安全工作督促检查和责任追究机制，确保国家安全战略和重大部署贯彻落实。

第四十七条　各部门、各地区应当采取有效措施，贯彻实施国家安全战略。

第四十八条　国家根据维护国家安全工作需要，建立跨部门会商工作机制，就维护国家安全工作的重大事项进行会商研判，提出意见和建议。

第四十九条　国家建立中央与地方之间、部门之间、军地之间以及地区之间关于国家安全的协同联动机制。

第五十条　国家建立国家安全决策咨询机制，组织专家和有关方面开展对国家安全形势的分析研判，推进国家安全的科学决策。

第二节　情报信息

第五十一条　国家健全统一归口、反应灵敏、准确高效、运转顺畅的情报信息收集、研判和使用制度，建立情报信息工作协调机制，实现情报信息的及时收集、准确研判、有效使用和共享。

第五十二条　国家安全机关、公安机关、有关军事机关根据职责分工，依法搜集涉及国家安全的情报信息。

国家机关各部门在履行职责过程中，对于获取的涉及国家安全的有关信息应当及时上报。

第五十三条　开展情报信息工作，应当充分运用现代科学技术手段，加强对情报信息的鉴别、筛选、综合和研判分析。

第五十四条　情报信息的报送应当及时、准确、客观，不得迟报、漏报、瞒报和谎报。

第三节　风险预防、评估和预警

第五十五条　国家制定完善应对各领域国家安全风险预案。

第五十六条　国家建立国家安全风险评估机制，定期开展各领域国家安全风险调查评估。

有关部门应当定期向中央国家安全领导机构提交国家安全风险评估报告。

第五十七条　国家健全国家安全风险监测预警制度，根据国家安全风险程度，及时发布相应风险预警。

第五十八条　对可能即将发生或者已经发生的危害国家安全的事件，县级以上地方人民政府及其有关主管部门应当立即按照规定向上一级人民政府及其有关主管部门报告，必要时可以越级上报。

第四节　审查监管

第五十九条　国家建立国家安全审查和监管的制度和机制，对影响或者可能影响国家安全的外商投资、特定物项和关键技术、网络信息技术产品和服务、涉及国家安全事项的建设项目，以及其他重大事项和活动，进行国家安全审查，有效预防和化解国家安全风险。

第六十条　中央国家机关各部门依照法律、行政法规行使国家安全审查职责，依法作出国家安全审查决定或者提出安全审查意见并监督执行。

第六十一条　省、自治区、直辖市依法负责本行政区域内有关国家安全审查和监管工作。

第五节　危机管控

第六十二条　国家建立统一领导、协同联动、有序高效的国家安全危机管控制度。

第六十三条　发生危及国家安全的重大事件，中央有关部门和有关地方根据中央国家安全领导机构的统一部署，依法启动应急预案，采取管控处置措施。

第六十四条　发生危及国家安全的特别重大事件，需要进入紧急状态、战争状态或者进行全国总动员、局部动员的，由全国人民代表大会、全国人民代表大会常务委员会或者国务院依照宪法和有关法律规定的权限和程序决定。

第六十五条　国家决定进入紧急状态、战争状态或者实施国防动员后，履行国家安全危机管控职责的有关机关依照法律规定或者全国人民代表大会常务委员会规定，有权采取限制公民和组织权利、增加公民和组织义务的特别措施。

第六十六条　履行国家安全危机管控职责的有关机关依法采取处置国家安全危机的管控措施，应当与国家安全危机可能造成的危害的性质、程度和范围相适应；有多种措施可供选择的，应当选择有利于最大程度保护公民、组织权益的措施。

第六十七条　国家健全国家安全危机的信息报告和发布机制。

国家安全危机事件发生后，履行国家安全危机管控职责的有关机关，应当按照规定准确、及时报告，并依法将有关国家安全危机事件发生、发展、管控处置及善后情况统一向社会发布。

第六十八条　国家安全威胁和危害得到控制或者消除后，应当及时解除管控处置措施，做好善后工作。

第五章　国家安全保障

第六十九条　国家健全国家安全保障体系，增强维护国家安全的能力。

第七十条　国家健全国家安全法律制度体系，推动国家安全法治建设。

第七十一条　国家加大对国家安全各项建设的投入，保障国家安全工作所需经费和装备。

第七十二条　承担国家安全战略物资储备任务的单位，应当按照国家有关规定和标准对国家安全物资进行收储、保管和维护，定期调整更换，保证储备物资的使用效能和安全。

第七十三条　鼓励国家安全领域科技创新，发挥科技在维护国家安全中的作用。

第七十四条　国家采取必要措施，招录、培养和管理国家安全工作专门人才和特殊人才。

根据维护国家安全工作的需要，国家依法保护有关机关专门从事国家安全工作人员的身份和合法权益，加大人身保护和安置保障力度。

第七十五条　国家安全机关、公安机关、有关军事机关开展国家安全专门工作，可以依法采取必要手段和方式，有关部门和地方应当在职责范围内提供支持和配合。

第七十六条　国家加强国家安全新闻宣传和舆论引导，通过多种形式开展国家安全宣传教育活动，将国家安全教育纳入国民教育体系和公务员教育培训体系，增强全民国家安全意识。

第六章　公民、组织的义务和权利

第七十七条　公民和组织应当履行下列维护国家安全的义务：

（一）遵守宪法、法律法规关于国家安全的有关规定；

（二）及时报告危害国家安全活动的线索；

（三）如实提供所知悉的涉及危害国家安全活动的证据；

（四）为国家安全工作提供便利条件或者其他协助；

（五）向国家安全机关、公安机关和有关军事机关提供必要的支持和协助；

（六）保守所知悉的国家秘密；

（七）法律、行政法规规定的其他义务。

任何个人和组织不得有危害国家安全的行为，不得向危害国家安全的个人或者组织提供任何资助或者协助。

第七十八条　机关、人民团体、企业事业组织和其他社会组织应当对本单位的人员进行维护国家安全的教育，动员、组织本单位的人员防范、制止危害国家安全的行为。

第七十九条　企业事业组织根据国家安全工作的要求，应当配合有关部门采取相关安全措施。

第八十条　公民和组织支持、协助国家安全工作的行为受法律保护。

因支持、协助国家安全工作，本人或者其近亲属的人身安全面临危险的，可以向公安机关、国家安全机关请求予以保护。公安机关、国家安全机关应当会同有关部门依法采取保护措施。

第八十一条　公民和组织因支持、协助国家安全工作导致财产损失的，按照国家有关规定给予补偿；造成人身伤害或者死亡的，按照国家有关规定给予抚恤优待。

第八十二条　公民和组织对国家安全工作有向国家机关提出批评建议的权利，对国家机关及其工作人员在国家安全工作中的违法失职行为有提出申诉、控告和检举的权利。

第八十三条　在国家安全工作中，需要采取限制公民权利和自由的特别措施时，应当依法进行，并以维护国家安全的实际需要为限度。

第七章　附　　则

第八十四条　本法自公布之日起施行。

5.2.2　立法的意义

《国家安全法》对于维护国家安全、促进国家发展、保障人民福祉具有重要意义，是确保国家长治久安、实现中华民族伟大复兴的重要法律保障，主要体现在以下几个方面。

(1) 明确国家安全的核心要义。

《国家安全法》明确了国家安全的含义，即国家政权、主权、统一和领土完整、人民福祉、经济社会可持续发展和国家其他重大利益相对处于没有危险和不受内外威胁的状态，以及保障持续安全状态的能力。这是国家安全工作的根本出发点和落脚点，为全社会提供了共同遵循。

(2) 构建国家安全体系。

《国家安全法》强调国家安全工作应当坚持总体国家安全观，以人民安全为宗旨，以政治安全为根本，以经济安全为基础，以军事、文化、社会安全为保障，以促进国际安全为依托，维护各领域国家安全。这一体系化的安全观，为全面维护国家安全提供了理论指导和行动指南。

(3) 强化国家安全领导体制。

《国家安全法》强调坚持中国共产党对国家安全工作的领导，建立集中统一、高效权威的国家安全领导体制。这确保了国家安全工作的统一领导和高效运转，为应对各种安全挑战提供了有力保障。

(4) 完善国家安全战略与政策。

《国家安全法》要求国家制定并不断完善国家安全战略，全面评估国际、国内安全形势，明确国家安全战略的指导方针、中长期目标、重点领域的国家安全政策、工作任务和措施。这为国家安全工作提供了科学的战略规划和政策指导。

(5) 统筹协调内外部安全。

《国家安全法》强调国家安全工作应当统筹内部安全和外部安全、国土安全和国民安全、传统安全和非传统安全、自身安全和共同安全。这种全面、协调的安全观，有助于国家更好地应对复杂多变的安全环境。

(6) 明确维护国家安全的原则与措施。

《国家安全法》强调维护国家安全应当坚持预防为主、标本兼治，专门工作与群众路线相结合，充分发挥专门机关和其他有关机关维护国家安全的职能作用，广泛动员公民和组织，防范、制止和依法惩治危害国家安全的行为。这为维护国家安全提供了具体的工作原则和措施指导。

综上所述，《国家安全法》明确了国家安全的核心要义，构建了完善的国家安全体系，强化了国家安全领导体制，完善了国家安全战略与政策，统筹协调了内外部安全，并明确了维护国家安全的原则与措施。

5.3　关于维护互联网安全的决定

《关于维护互联网安全的决定》于 2000 年 12 月 28 日第九届全国人民代表大会常务委员会第十九次会议通过，根据 2011 年 1 月 8 日《国务院关于废止和修改部分行政法规的决定》修订，是我国第一部关于互联网安全的法律，曾经是直接规范网络信息安全的效力最高的法律文件。它从保障互联网的运行安全，维护国家安全和社会稳定，维护社会主义市场经济秩序和社会管理秩序，保护个人、法人和其他组织的人身、财产等合法权利等四个方面，明确规定了对构成犯罪的行为，依照《刑法》有关规定追究刑事责任。这一决定为维护互联网安全提供了法律基础和指导原则，确保了网络安全领域的法律框架和法律责任。法律全文如下。

我国的互联网，在国家大力倡导和积极推动下，在经济建设和各项事业中得到日益广泛的应用，使人们的生产、工作、学习和生活方式已经开始并将继续发生深刻的变化，对于加快我国国民经济、科学技术的发展和社会服务信息化进程具有重要作用。同时，如何保障互联网的运行安全和信息安全问题已经引起全社会的普遍关注。为了兴利除弊，促进我国互联网的健康发展，维护国家安全和社会公共利益，保护个人、法人和其他组织的合法权益，特作如下决定：

一、为了保障互联网的运行安全，对有下列行为之一，构成犯罪的，依照《刑法》有关规定追究刑事责任：

（一）侵入国家事务、国防建设、尖端科学技术领域的计算机信息系统；

（二）故意制作、传播计算机病毒等破坏性程序，攻击计算机系统及通信网络，致使计算机系统及通信网络遭受损害；

（三）违反国家规定，擅自中断计算机网络或者通信服务，造成计算机网络或者通信系统不能正常运行。

二、为了维护国家安全和社会稳定，对有下列行为之一，构成犯罪的，依照刑法有关规定追究刑事责任：

（一）利用互联网造谣、诽谤或者发表、传播其他有害信息，煽动颠覆国家政权、推翻社会主义制度，或者煽动分裂国家、破坏国家统一；

（二）通过互联网窃取、泄露国家秘密、情报或者军事秘密；

（三）利用互联网煽动民族仇恨、民族歧视，破坏民族团结；

（四）利用互联网组织邪教组织、联络邪教组织成员，破坏国家法律、行政法规实施。

三、为了维护社会主义市场经济秩序和社会管理秩序，对有下列行为之一，构成犯罪的，依照刑法有关规定追究刑事责任：

（一）利用互联网销售伪劣产品或者对商品、服务作虚假宣传；

（二）利用互联网损害他人商业信誉和商品声誉；

（三）利用互联网侵犯他人知识产权；

（四）利用互联网编造并传播影响证券、期货交易或者其他扰乱金融秩序的虚假信息；

（五）在互联网上建立淫秽网站、网页，提供淫秽站点链接服务，或者传播淫秽书刊、影片、音像、图片。

四、为了保护个人、法人和其他组织的人身、财产等合法权利，对有下列行为之一，构成犯罪的，依照刑法有关规定追究刑事责任：

（一）利用互联网侮辱他人或者捏造事实诽谤他人；

（二）非法截获、篡改、删除他人电子邮件或者其他数据资料，侵犯公民通信自由和通信秘密；

（三）利用互联网进行盗窃、诈骗、敲诈勒索。

五、利用互联网实施本决定第一条、第二条、第三条、第四条所列行为以外的其他行为，构成犯罪的，依照刑法有关规定追究刑事责任。

六、利用互联网实施违法行为，违反社会治安管理，尚不构成犯罪的，由公安机关依照《治安管理处罚法》予以处罚；违反其他法律、行政法规，尚不构成犯罪的，由有关行政管理部门依法给予行政处罚；对直接负责的主管人员和其他直接责任人员，依法给予行政处分或者纪律处分。

利用互联网侵犯他人合法权益，构成民事侵权的，依法承担民事责任。

七、各级人民政府及有关部门要采取积极措施，在促进互联网的应用和网络技术的普及过程中，重视和支持对网络安全技术的研究和开发，增强网络的安全防护能力。有关主管部门要加强对互联网的运行安全和信息安全的宣传教育，依法实施有效的监督管理，防范和制止利用互联网进行的各种违法活动，为互联网的健康发展创造良好的社会环境。从事互联网业务的单位要依法开展活动，发现互联网上出现违法犯罪行为和有害信息时，要采取措施，停止传输有害信息，并及时向有关机关报告。任何单位和个人在利用互联网时，都要遵纪守法，抵制各种违法犯罪行为和有害信息。人民法院、人民检察院、公安机关、国家安全机关要各司其职，密切配合，依法严厉打击利用互联网实施的各种犯罪活动。要动员全社会的力量，依靠全社会的共同努力，保障互联网的运行安全与信息安全，促进社会主义精神文明和物质文明建设。

5.4　中华人民共和国电子签名法

《中华人民共和国电子签名法》（以下简称《电子签名法》）于 2004 年 8 月 28 日第十届全国人民代表大会常务委员会第十一次会议通过，自 2005 年 4 月 1 日起施行，根据 2019 年 4 月 23 日第十三届全国人民代表大会常务委员会第十次会议第二次修正。《电子签名法》被称为"中国首部真正意义上的信息化法律"。《电子签名法》的出台标志着电子签名与传统手写签名和盖章具有同等的法律效力，是我国推进电子商务发展、扫除电子商务发展障碍的重要步骤。

5.4.1　法律全文

第一章　总　　则

第一条　为了规范电子签名行为，确立电子签名的法律效力，维护有关各方的合法权益，制定本法。

第二条　本法所称电子签名，是指数据电文中以电子形式所含、所附用于识别签名人身份并表明签名人认可其中内容的数据。

本法所称数据电文，是指以电子、光学、磁或者类似手段生成、发送、接收或者储存的信息。

第三条　民事活动中的合同或者其他文件、单证等文书，当事人可以约定使用或者不使用电子签名、数据电文。

当事人约定使用电子签名、数据电文的文书，不得仅因为其采用电子签名、数据电文的形式而否定其法律效力。

前款规定不适用下列文书：

（一）涉及婚姻、收养、继承等人身关系的；

（二）涉及停止供水、供热、供气等公用事业服务的；

（三）法律、行政法规规定的不适用电子文书的其他情形。

第二章　数　据　电　文

第四条　能够有形地表现所载内容，并可以随时调取查用的数据电文，视为符合法律、法规要求的书面形式。

第五条　符合下列条件的数据电文，视为满足法律、法规规定的原件形式要求：

（一）能够有效地表现所载内容并可供随时调取查用；

（二）能够可靠地保证自最终形成时起，内容保持完整、未被更改。但是，在数据电文上增加背书以及数据交换、储存和显示过程中发生的形式变化不影响数据电文的完整性。

第六条　符合下列条件的数据电文，视为满足法律、法规规定的文件保存要求：

（一）能够有效地表现所载内容并可供随时调取查用；

（二）数据电文的格式与其生成、发送或者接收时的格式相同，或者格式不相同但是能够准确表现原来生成、发送或者接收的内容；

（三）能够识别数据电文的发件人、收件人以及发送、接收的时间。

第七条　数据电文不得仅因为其是以电子、光学、磁或者类似手段生成、发送、接收或者储存的而被拒绝作为证据使用。

第八条　审查数据电文作为证据的真实性，应当考虑以下因素：

（一）生成、储存或者传递数据电文方法的可靠性；

（二）保持内容完整性方法的可靠性；

（三）用以鉴别发件人方法的可靠性；

（四）其他相关因素。

第九条　数据电文有下列情形之一的，视为发件人发送：

（一）经发件人授权发送的；

（二）发件人的信息系统自动发送的；

（三）收件人按照发件人认可的方法对数据电文进行验证后结果相符的。

当事人对前款规定的事项另有约定的，从其约定。

第十条　法律、行政法规规定或者当事人约定数据电文需要确认收讫的，应当确认收讫。发件人收到收件人的收讫确认时，数据电文视为已经收到。

第十一条　数据电文进入发件人控制之外的某个信息系统的时间，视为该数据电文的发送时间。

收件人指定特定系统接收数据电文的，数据电文进入该特定系统的时间，视为该数据电文的接收时间；未指定特定系统的，数据电文进入收件人的任何系统的首次时间，视为该数据电文的接收时间。

当事人对数据电文的发送时间、接收时间另有约定的，从其约定。

第十二条　发件人的主营业地为数据电文的发送地点，收件人的主营业地为数据电文的接收地点。没有主营业地的，其经常居住地为发送或者接收地点。

当事人对数据电文的发送地点、接收地点另有约定的，从其约定。

第三章　电子签名与认证

第十三条　电子签名同时符合下列条件的，视为可靠的电子签名：

（一）电子签名制作数据用于电子签名时，属于电子签名人专有；

（二）签署时电子签名制作数据仅由电子签名人控制；

（三）签署后对电子签名的任何改动能够被发现；

（四）签署后对数据电文内容和形式的任何改动能够被发现。

当事人也可以选择使用符合其约定的可靠条件的电子签名。

第十四条　可靠的电子签名与手写签名或者盖章具有同等的法律效力。

第十五条　电子签名人应当妥善保管电子签名制作数据。电子签名人知悉电子签名制作数据已经失密或者可能已经失密时，应当及时告知有关各方，并终止使用该电子签名制作数据。

第十六条　电子签名需要第三方认证的，由依法设立的电子认证服务提供者提供认证服务。

第十七条　提供电子认证服务，应当具备下列条件：

（一）取得企业法人资格；

（二）具有与提供电子认证服务相适应的专业技术人员和管理人员；

（三）具有与提供电子认证服务相适应的资金和经营场所；

（四）具有符合国家安全标准的技术和设备；

（五）具有国家密码管理机构同意使用密码的证明文件；

（六）法律、行政法规规定的其他条件。

第十八条　从事电子认证服务，应当向国务院信息产业主管部门提出申请，并提交符合本法第十七条规定条件的相关材料。国务院信息产业主管部门接到申请后经依法审查，征求国务院商务主管部门等有关部门的意见后，自接到申请之日起四十五日内作出许可或者不予许可的决定。予以许可的，颁发电子认证许可证书；不予许可的，应当书面通知申请人并告知理由。

取得认证资格的电子认证服务提供者，应当按照国务院信息产业主管部门的规定在互联网上公布其名称、许可证号等信息。

第十九条　电子认证服务提供者应当制定、公布符合国家有关规定的电子认证业务规则，并向国务院信息产业主管部门备案。

电子认证业务规则应当包括责任范围、作业操作规范、信息安全保障措施等事项。

第二十条　电子签名人向电子认证服务提供者申请电子签名认证证书，应当提供真实、完整和准确的信息。

电子认证服务提供者收到电子签名认证证书申请后，应当对申请人的身份进行查验，并对有关材料进行审查。

第二十一条　电子认证服务提供者签发的电子签名认证证书应当准确无误，并应当载明下列内容：

（一）电子认证服务提供者名称；

（二）证书持有人名称；

（三）证书序列号；

（四）证书有效期；

（五）证书持有人的电子签名验证数据；

（六）电子认证服务提供者的电子签名；

（七）国务院信息产业主管部门规定的其他内容。

第二十二条　电子认证服务提供者应当保证电子签名认证证书内容在有效期内完整、准确，并保证电子签名依赖方能够证实或者了解电子签名认证证书所载内容及其他有关事项。

第二十三条　电子认证服务提供者拟暂停或者终止电子认证服务的，应当在暂停或者终止服务九十日前，就业务承接及其他有关事项通知有关各方。

电子认证服务提供者拟暂停或者终止电子认证服务的，应当在暂停或者终止服务六十日前向国务院信息产业主管部门报告，并与其他电子认证服务提供者就业务承接进行协商，作出妥善安排。

电子认证服务提供者未能就业务承接事项与其他电子认证服务提供者达成协议的，应当申请国务院信息产业主管部门安排其他电子认证服务提供者承接其业务。

电子认证服务提供者被依法吊销电子认证许可证书的，其业务承接事项的处理按照国务院信息产业主管部门的规定执行。

第二十四条　电子认证服务提供者应当妥善保存与认证相关的信息，信息保存期限至少为电子签名认证证书失效后五年。

第二十五条　国务院信息产业主管部门依照本法制定电子认证服务业的具体管理办法，对电子认证服务提供者依法实施监督管理。

第二十六条　经国务院信息产业主管部门根据有关协议或者对等原则核准后，中华人民共和国境外的电子认证服务提供者在境外签发的电子签名认证证书与依照本法设立的电子认证服务提供者签发的电子签名认证证书具有同等的法律效力。

第四章　法　律　责　任

第二十七条　电子签名人知悉电子签名制作数据已经失密或者可能已经失密未及时告知有关各方、并终止使用电子签名制作数据，未向电子认证服务提供者提供真实、完整和准确的信息，或者有其他过错，给电子签名依赖方、电子认证服务提供者造成损失的，承担赔偿责任。

第二十八条　电子签名人或者电子签名依赖方因依据电子认证服务提供者提供的电子签名认证服务从事民事活动遭受损失，电子认证服务提供者不能证明自己无过错的，承担赔偿责任。

第二十九条　未经许可提供电子认证服务的，由国务院信息产业主管部门责令停止违法行为；有违法所得的，没收违法所得；违法所得三十万元以上的，处违法所得一倍以上三倍以下的罚款；没有违法所得或者违法所得不足三十万元的，处十万元以上三十万元以下的罚款。

第三十条　电子认证服务提供者暂停或者终止电子认证服务，未在暂停或者终止服务六十日前向国务院信息产业主管部门报告的，由国务院信息产业主管部门对其直接负责的主管人员处一万元以上五万元以下的罚款。

第三十一条　电子认证服务提供者不遵守认证业务规则、未妥善保存与认证相关的信息，或者有其他违法行为的，由国务院信息产业主管部门责令限期改正；逾期未改正的，吊销电子认证许可证书，其直接负责的主管人员和其他直接责任人员十年内不得从事电子认证服务。吊销电子认证许可证书的，应当予以公告并通知工商行政管理部门。

第三十二条　伪造、冒用、盗用他人的电子签名，构成犯罪的，依法追究刑事责任；给他人造成损失的，依法承担民事责任。

第三十三条　依照本法负责电子认证服务业监督管理工作的部门的工作人员，不依法履行行政许可、监督管理职责的，依法给予行政处分；构成犯罪的，依法追究刑事责任。

第五章　附　　则

第三十四条　本法中下列用语的含义：

（一）电子签名人，是指持有电子签名制作数据并以本人身份或者以其所代表的人的名义实施电子签名的人；

（二）电子签名依赖方，是指基于对电子签名认证证书或者电子签名的信赖从事有关活动的人；

（三）电子签名认证证书，是指可证实电子签名人与电子签名制作数据有联系的数据电文或者其他电子记录；

（四）电子签名制作数据，是指在电子签名过程中使用的，将电子签名与电子签名人可靠地联系起来的字符、编码等数据；

（五）电子签名验证数据，是指用于验证电子签名的数据，包括代码、口令、算法或者公钥等。

第三十五条　国务院或者国务院规定的部门可以依据本法制定政务活动和其他社会活动中使用电子签名、数据电文的具体办法。

第三十六条　本法自 2005 年 4 月 1 日起施行。

5.4.2　立法的意义

《电子签名法》为信息数字化时代的发展奠定了法律基础，促进了经济社会的信息化进程，重点体现在确立电子签名的法律效力，规范电子签名行为，维护各方合法权益以及推动信息化进程等几方面，具体内容如下。

(1) 确立电子签名的法律效力。

《电子签名法》的首要立法意义在于确立了电子签名的法律效力。该法明确规定，可靠的电子签名与手写签名或盖章具有同等的法律效力。这一规定为电子商务和电子政务活动中的签名行为提供了法律保障，使得电子签名在法律上得到了认可，从而促进了电子商务和电子政务的发展。

(2) 规范电子签名行为。

《电子签名法》对电子签名行为进行了全面的规范。该法不仅明确了电子签名的定义和构成要件，还规定了电子签名的使用范围、认证机构的管理以及法律责任等。这些规定为电子签名的正确使用提供了指导，确保了电子签名的真实性和可靠性，降低了电子交易的风险。

(3) 维护各方合法权益。

电子签名涉及多方当事人的权益，包括签名人、相对方以及认证机构等。《电子签名法》通过明确各方的权利和义务，为各方提供了法律保障。例如，该法规定了签名人应当妥善保管电子签名制作数据，确保电子签名的安全；同时，也规定了认证机构应当对签名人的身份进行严格认证，确保电子签名的真实性。这些规定有助于维护各方的合法权益，促进电子交易的公平和公正。

(4) 推动信息化进程。

随着信息化水平的不断提高，电子签名在各个领域的应用日益广泛。《电子签名法》的出台为电子签名的广泛应用提供了法律支持，有助于推动我国的信息化进程。该法不仅为电子商务和电子政务的发展提供了法律保障，还为其他领域的信息化应用提供了借鉴和参考。

🌸 5.5　中华人民共和国密码法

《密码法》于 2019 年 10 月 26 日第十三届全国人民代表大会常务委员会第十四次会议通过，自 2020 年 1 月 1 日起施行。

5.5.1　法律全文

第一章　总　　则

第一条　为了规范密码应用和管理，促进密码事业发展，保障网络与信息安全，维护国家安全和社会公共利益，保护公民、法人和其他组织的合法权益，制定本法。

第二条　本法所称密码，是指采用特定变换的方法对信息等进行加密保护、安全认证的技术、产品和服务。

第三条　密码工作坚持总体国家安全观，遵循统一领导、分级负责，创新发展、服务大局，依法管理、保障安全的原则。

第四条　坚持中国共产党对密码工作的领导。中央密码工作领导机构对全国密码工作实行统一领导，制定国家密码工作重大方针政策，统筹协调国家密码重大事项和重要工作，推进国家密码法治建设。

第五条　国家密码管理部门负责管理全国的密码工作。县级以上地方各级密码管理部门负责管理本行政区域的密码工作。

国家机关和涉及密码工作的单位在其职责范围内负责本机关、本单位或者本系统的密码工作。

第六条　国家对密码实行分类管理。

密码分为核心密码、普通密码和商用密码。

第七条　核心密码、普通密码用于保护国家秘密信息，核心密码保护信息的最高密级为绝密级，普通密码保护信息的最高密级为机密级。

核心密码、普通密码属于国家秘密。密码管理部门依照本法和有关法律、行政法规、国家有关规定对核心密码、普通密码实行严格统一管理。

第八条　商用密码用于保护不属于国家秘密的信息。

公民、法人和其他组织可以依法使用商用密码保护网络与信息安全。

第九条　国家鼓励和支持密码科学技术研究和应用，依法保护密码领域的知识产权，促进密码科学技术进步和创新。

国家加强密码人才培养和队伍建设，对在密码工作中作出突出贡献的组织和个人，按照国家有关规定给予表彰和奖励。

第十条　国家采取多种形式加强密码安全教育，将密码安全教育纳入国民教育体系和公务员教育培训体系，增强公民、法人和其他组织的密码安全意识。

第十一条　县级以上人民政府应当将密码工作纳入本级国民经济和社会发展规划，所需经费列入本级财政预算。

第十二条　任何组织或者个人不得窃取他人加密保护的信息或者非法侵入他人的密码保障系统。

任何组织或者个人不得利用密码从事危害国家安全、社会公共利益、他人合法权益等违法犯罪活动。

第二章　核心密码、普通密码

第十三条　国家加强核心密码、普通密码的科学规划、管理和使用，加强制度建设，完善管理措施，增强密码安全保障能力。

第十四条　在有线、无线通信中传递的国家秘密信息，以及存储、处理国家秘密信息的信息系统，应当依照法律、行政法规和国家有关规定使用核心密码、普通密码进行加密保护、安全认证。

第十五条 从事核心密码、普通密码科研、生产、服务、检测、装备、使用和销毁等工作的机构 (以下统称密码工作机构) 应当按照法律、行政法规、国家有关规定以及核心密码、普通密码标准的要求，建立健全安全管理制度，采取严格的保密措施和保密责任制，确保核心密码、普通密码的安全。

第十六条 密码管理部门依法对密码工作机构的核心密码、普通密码工作进行指导、监督和检查，密码工作机构应当配合。

第十七条 密码管理部门根据工作需要会同有关部门建立核心密码、普通密码的安全监测预警、安全风险评估、信息通报、重大事项会商和应急处置等协作机制，确保核心密码、普通密码安全管理的协同联动和有序高效。

密码工作机构发现核心密码、普通密码泄密或者影响核心密码、普通密码安全的重大问题、风险隐患的，应当立即采取应对措施，并及时向保密行政管理部门、密码管理部门报告，由保密行政管理部门、密码管理部门会同有关部门组织开展调查、处置，并指导有关密码工作机构及时消除安全隐患。

第十八条 国家加强密码工作机构建设，保障其履行工作职责。

国家建立适应核心密码、普通密码工作需要的人员录用、选调、保密、考核、培训、待遇、奖惩、交流、退出等管理制度。

第十九条 密码管理部门因工作需要，按照国家有关规定，可以提请公安、交通运输、海关等部门对核心密码、普通密码有关物品和人员提供免检等便利，有关部门应当予以协助。

第二十条 密码管理部门和密码工作机构应当建立健全严格的监督和安全审查制度，对其工作人员遵守法律和纪律等情况进行监督，并依法采取必要措施，定期或者不定期组织开展安全审查。

第三章 商 用 密 码

第二十一条 国家鼓励商用密码技术的研究开发、学术交流、成果转化和推广应用，健全统一、开放、竞争、有序的商用密码市场体系，鼓励和促进商用密码产业发展。

各级人民政府及其有关部门应当遵循非歧视原则，依法平等对待包括外商投资企业在内的商用密码科研、生产、销售、服务、进出口等单位 (以下统称商用密码从业单位)。国家鼓励在外商投资过程中基于自愿原则和商业规则开展商用密码技术合作。行政机关及其工作人员不得利用行政手段强制转让商用密码技术。

商用密码的科研、生产、销售、服务和进出口，不得损害国家安全、社会公共利益或者他人合法权益。

第二十二条 国家建立和完善商用密码标准体系。

国务院标准化行政主管部门和国家密码管理部门依据各自职责，组织制定商用密码国家标准、行业标准。

国家支持社会团体、企业利用自主创新技术制定高于国家标准、行业标准相关技术要求的商用密码团体标准、企业标准。

第二十三条 国家推动参与商用密码国际标准化活动，参与制定商用密码国际标准，推进商用密码中国标准与国外标准之间的转化运用。

国家鼓励企业、社会团体和教育、科研机构等参与商用密码国际标准化活动。

第二十四条 商用密码从业单位开展商用密码活动，应当符合有关法律、行政法规、商用密码强制性国家标准以及该从业单位公开标准的技术要求。

国家鼓励商用密码从业单位采用商用密码推荐性国家标准、行业标准，提升商用密码的防护能力，维护用户的合法权益。

第二十五条 国家推进商用密码检测认证体系建设，制定商用密码检测认证技术规范、规则，鼓励商用密码从业单位自愿接受商用密码检测认证，提升市场竞争力。

商用密码检测、认证机构应当依法取得相关资质，并依照法律、行政法规的规定和商用密码检测认证技术规范、规则开展商用密码检测认证。

商用密码检测、认证机构应当对其在商用密码检测认证中所知悉的国家秘密和商业秘密承担保密义务。

第二十六条 涉及国家安全、国计民生、社会公共利益的商用密码产品，应当依法列入网络关键设备和网络安全专用产品目录，由具备资格的机构检测认证合格后，方可销售或者提供。商用密码产品检测认证适用《中华人民共和国网络安全法》的有关规定，避免重复检测认证。

商用密码服务使用网络关键设备和网络安全专用产品的，应当经商用密码认证机构对该商用密码服务认证合格。

第二十七条 法律、行政法规和国家有关规定要求使用商用密码进行保护的关键信息基础设施，其运营者应当使用商用密码进行保护，自行或者委托商用密码检测机构开展商用密码应用安全性评估。商用密码应用安全性评估应当与关键信息基础设施安全检测评估、网络安全等级测评制度相衔接，避免重复评估、测评。

关键信息基础设施的运营者采购涉及商用密码的网络产品和服务，可能影响国家安全的，应当按照《中华人民共和国网络安全法》的规定，通过国家网信部门会同国家密码管理部门等有关部门组织的国家安全审查。

第二十八条 国务院商务主管部门、国家密码管理部门依法对涉及国家安全、社会公共利益且具有加密保护功能的商用密码实施进口许可，对涉及国家安全、社会公共利益或者中国承担国际义务的商用密码实施出口管制。商用密码进口许可清单和出口管制清单由国务院商务主管部门会同国家密码管理部门和海关总署制定并公布。

大众消费类产品所采用的商用密码不实行进口许可和出口管制制度。

第二十九条　国家密码管理部门对采用商用密码技术从事电子政务电子认证服务的机构进行认定，会同有关部门负责政务活动中使用电子签名、数据电文的管理。

第三十条　商用密码领域的行业协会等组织依照法律、行政法规及其章程的规定，为商用密码从业单位提供信息、技术、培训等服务，引导和督促商用密码从业单位依法开展商用密码活动，加强行业自律，推动行业诚信建设，促进行业健康发展。

第三十一条　密码管理部门和有关部门建立日常监管和随机抽查相结合的商用密码事中事后监管制度，建立统一的商用密码监督管理信息平台，推进事中事后监管与社会信用体系相衔接，强化商用密码从业单位自律和社会监督。

密码管理部门和有关部门及其工作人员不得要求商用密码从业单位和商用密码检测、认证机构向其披露源代码等密码相关专有信息，并对其在履行职责中知悉的商业秘密和个人隐私严格保密，不得泄露或者非法向他人提供。

第四章　法　律　责　任

第三十二条　违反本法第十二条规定，窃取他人加密保护的信息，非法侵入他人的密码保障系统，或者利用密码从事危害国家安全、社会公共利益、他人合法权益等违法活动的，由有关部门依照《中华人民共和国网络安全法》和其他有关法律、行政法规的规定追究法律责任。

第三十三条　违反本法第十四条规定，未按照要求使用核心密码、普通密码的，由密码管理部门责令改正或者停止违法行为，给予警告；情节严重的，由密码管理部门建议有关国家机关、单位对直接负责的主管人员和其他直接责任人员依法给予处分或者处理。

第三十四条　违反本法规定，发生核心密码、普通密码泄密案件的，由保密行政管理部门、密码管理部门建议有关国家机关、单位对直接负责的主管人员和其他直接责任人员依法给予处分或者处理。

违反本法第十七条第二款规定，发现核心密码、普通密码泄密或者影响核心密码、普通密码安全的重大问题、风险隐患，未立即采取应对措施，或者未及时报告的，由保密行政管理部门、密码管理部门建议有关国家机关、单位对直接负责的主管人员和其他直接责任人员依法给予处分或者处理。

第三十五条　商用密码检测、认证机构违反本法第二十五条第二款、第三款规定开展商用密码检测认证的，由市场监督管理部门会同密码管理部门责令改正或者停止违法行为，给予警告，没收违法所得；违法所得三十万元以上的，可以并处违法所得一倍以上三倍以下罚款；没有违法所得或者违法所得不足三十万元的，可以并处十万元以上三十万元以下罚款；情节严重的，依法吊销相关资质。

第三十六条　违反本法第二十六条规定，销售或者提供未经检测认证或者检测认证不合格的商用密码产品，或者提供未经认证或者认证不合格的商用密码服务的，由市场监督管理部门会同密码管理部门责令改正或者停止违法行为，给予警告，没收违法产品和违法所得；违法所得十万元以上的，可以并处违法所得一倍以上三倍以下罚款；没有违法所得或者违法所得不足十万元的，可以并处三万元以上十万元以下罚款。

第三十七条 关键信息基础设施的运营者违反本法第二十七条第一款规定，未按照要求使用商用密码，或者未按照要求开展商用密码应用安全性评估的，由密码管理部门责令改正，给予警告；拒不改正或者导致危害网络安全等后果的，处十万元以上一百万元以下罚款，对直接负责的主管人员处一万元以上十万元以下罚款。

关键信息基础设施的运营者违反本法第二十七条第二款规定，使用未经安全审查或者安全审查未通过的产品或者服务的，由有关主管部门责令停止使用，处采购金额一倍以上十倍以下罚款；对直接负责的主管人员和其他直接责任人员处一万元以上十万元以下罚款。

第三十八条 违反本法第二十八条实施进口许可、出口管制的规定，进出口商用密码的，由国务院商务主管部门或者海关依法予以处罚。

第三十九条 违反本法第二十九条规定，未经认定从事电子政务电子认证服务的，由密码管理部门责令改正或者停止违法行为，给予警告，没收违法产品和违法所得；违法所得三十万元以上的，可以并处违法所得一倍以上三倍以下罚款；没有违法所得或者违法所得不足三十万元的，可以并处十万元以上三十万元以下罚款。

第四十条 密码管理部门和有关部门、单位的工作人员在密码工作中滥用职权、玩忽职守、徇私舞弊，或者泄露、非法向他人提供在履行职责中知悉的商业秘密和个人隐私的，依法给予处分。

第四十一条 违反本法规定，构成犯罪的，依法追究刑事责任；给他人造成损害的，依法承担民事责任。

第五章 附 则

第四十二条 国家密码管理部门依照法律、行政法规的规定，制定密码管理规章。

第四十三条 中国人民解放军和中国人民武装警察部队的密码工作管理办法，由中央军事委员会根据本法制定。

第四十四条 本法自 2020 年 1 月 1 日起施行。

5.5.2 立法的意义

《密码法》的颁布实施标志着我国密码事业进入了一个新的发展阶段，对于加快密码法治建设、理顺国家安全领域相关法律法规关系、完善国家安全法律制度体系具有重大意义。其主要体现在以下几方面。

(1) 国家安全法律制度体系的进一步完善。

《密码法》作为我国密码领域第一部综合性、基础性法律，与《国家安全法》《网络安全法》《中华人民共和国反恐怖主义法》《中华人民共和国反间谍法》等一起，共同构成国家安全法律制度体系，进一步筑牢网络安全，护卫国家安全。

(2) 密码保障措施的法制化。

《密码法》充分体现了核心密码和普通密码在维护国家安全方面的重要性，使密码工作机构及其工作人员开展密码工作的保障措施法制化。

(3) 网络空间密码保障工作的规范化。

《密码法》改变了传统对商用密码实行全环节许可管理的过时规则，将重要领域商用密码的应用、检测认证、安全性评估、国家安全审查、关键基础设施建设等制度及时上升到国家法律层面，有利于引导全社会合规、正确、有效地使用密码，规范网络空间密码保障工作。

(4) 商用密码产业发展的规范和促进。

《密码法》规定了涉及国家安全、国计民生、社会公共利益的商用密码产品的管理措施，包括进口许可和出口管制制度，以及电子政务电子认证服务管理制度；国家鼓励和支持密码科学技术研究、交流，依法保护密码知识产权，确保密码工作符合当代的国家创新发展需要。

5.6 中华人民共和国数据安全法

《数据安全法》于 2021 年 6 月 10 日第十三届全国人民代表大会常务委员会第二十九次会议通过，自 2021 年 9 月 1 日起施行。

5.6.1 法律全文

第一章 总 则

第一条 为了规范数据处理活动，保障数据安全，促进数据开发利用，保护个人、组织的合法权益，维护国家主权、安全和发展利益，制定本法。

第二条 在中华人民共和国境内开展数据处理活动及其安全监管，适用本法。

在中华人民共和国境外开展数据处理活动，损害中华人民共和国国家安全、公共利益或者公民、组织合法权益的，依法追究法律责任。

第三条 本法所称数据，是指任何以电子或者其他方式对信息的记录。

数据处理，包括数据的收集、存储、使用、加工、传输、提供、公开等。

数据安全，是指通过采取必要措施，确保数据处于有效保护和合法利用的状态，以及具备保障持续安全状态的能力。

第四条 维护数据安全，应当坚持总体国家安全观，建立健全数据安全治理体系，提高数据安全保障能力。

第五条 中央国家安全领导机构负责国家数据安全工作的决策和议事协调，研究制定、指导实施国家数据安全战略和有关重大方针政策，统筹协调国家数据安全的重大事项和重要工作，建立国家数据安全工作协调机制。

第六条　各地区、各部门对本地区、本部门工作中收集和产生的数据及数据安全负责。

工业、电信、交通、金融、自然资源、卫生健康、教育、科技等主管部门承担本行业、本领域数据安全监管职责。

公安机关、国家安全机关等依照本法和有关法律、行政法规的规定，在各自职责范围内承担数据安全监管职责。

国家网信部门依照本法和有关法律、行政法规的规定，负责统筹协调网络数据安全和相关监管工作。

第七条　国家保护个人、组织与数据有关的权益，鼓励数据依法合理有效利用，保障数据依法有序自由流动，促进以数据为关键要素的数字经济发展。

第八条　开展数据处理活动，应当遵守法律、法规，尊重社会公德和伦理，遵守商业道德和职业道德，诚实守信，履行数据安全保护义务，承担社会责任，不得危害国家安全、公共利益，不得损害个人、组织的合法权益。

第九条　国家支持开展数据安全知识宣传普及，提高全社会的数据安全保护意识和水平，推动有关部门、行业组织、科研机构、企业、个人等共同参与数据安全保护工作，形成全社会共同维护数据安全和促进发展的良好环境。

第十条　相关行业组织按照章程，依法制定数据安全行为规范和团体标准，加强行业自律，指导会员加强数据安全保护，提高数据安全保护水平，促进行业健康发展。

第十一条　国家积极开展数据安全治理、数据开发利用等领域的国际交流与合作，参与数据安全相关国际规则和标准的制定，促进数据跨境安全、自由流动。

第十二条　任何个人、组织都有权对违反本法规定的行为向有关主管部门投诉、举报。收到投诉、举报的部门应当及时依法处理。

有关主管部门应当对投诉、举报人的相关信息予以保密，保护投诉、举报人的合法权益。

第二章　数据安全与发展

第十三条　国家统筹发展和安全，坚持以数据开发利用和产业发展促进数据安全，以数据安全保障数据开发利用和产业发展。

第十四条　国家实施大数据战略，推进数据基础设施建设，鼓励和支持数据在各行业、各领域的创新应用。

省级以上人民政府应当将数字经济发展纳入本级国民经济和社会发展规划，并根据需要制定数字经济发展规划。

第十五条　国家支持开发利用数据提升公共服务的智能化水平。提供智能化公共服务，应当充分考虑老年人、残疾人的需求，避免对老年人、残疾人的日常生活造成障碍。

第十六条　国家支持数据开发利用和数据安全技术研究，鼓励数据开发利用和数据安全等领域的技术推广和商业创新，培育、发展数据开发利用和数据安全产品、产业体系。

第十七条　国家推进数据开发利用技术和数据安全标准体系建设。国务院标准化行政主管部门和国务院有关部门根据各自的职责，组织制定并适时修订有关数据开发利用技术、产品和数据安全相关标准。国家支持企业、社会团体和教育、科研机构等参与标准制定。

第十八条　国家促进数据安全检测评估、认证等服务的发展，支持数据安全检测评估、认证等专业机构依法开展服务活动。

国家支持有关部门、行业组织、企业、教育和科研机构、有关专业机构等在数据安全风险评估、防范、处置等方面开展协作。

第十九条　国家建立健全数据交易管理制度，规范数据交易行为，培育数据交易市场。

第二十条　国家支持教育、科研机构和企业等开展数据开发利用技术和数据安全相关教育和培训，采取多种方式培养数据开发利用技术和数据安全专业人才，促进人才交流。

第三章　数据安全制度

第二十一条　国家建立数据分类分级保护制度，根据数据在经济社会发展中的重要程度，以及一旦遭到篡改、破坏、泄露或者非法获取、非法利用，对国家安全、公共利益或者个人、组织合法权益造成的危害程度，对数据实行分类分级保护。国家数据安全工作协调机制统筹协调有关部门制定重要数据目录，加强对重要数据的保护。

关系国家安全、国民经济命脉、重要民生、重大公共利益等数据属于国家核心数据，实行更加严格的管理制度。

各地区、各部门应当按照数据分类分级保护制度，确定本地区、本部门以及相关行业、领域的重要数据具体目录，对列入目录的数据进行重点保护。

第二十二条　国家建立集中统一、高效权威的数据安全风险评估、报告、信息共享、监测预警机制。国家数据安全工作协调机制统筹协调有关部门加强数据安全风险信息的获取、分析、研判、预警工作。

第二十三条　国家建立数据安全应急处置机制。发生数据安全事件，有关主管部门应当依法启动应急预案，采取相应的应急处置措施，防止危害扩大，消除安全隐患，并及时向社会发布与公众有关的警示信息。

第二十四条　国家建立数据安全审查制度，对影响或者可能影响国家安全的数据处理活动进行国家安全审查。

依法作出的安全审查决定为最终决定。

第二十五条　国家对与维护国家安全和利益、履行国际义务相关的属于管制物项的数据依法实施出口管制。

第二十六条　任何国家或者地区在与数据和数据开发利用技术等有关的投资、贸易等方面对中华人民共和国采取歧视性的禁止、限制或者其他类似措施的，中华人民共和国可以根据实际情况对该国家或者地区对等采取措施。

第四章　数据安全保护义务

第二十七条　开展数据处理活动应当依照法律、法规的规定，建立健全全流程数据安全管理制度，组织开展数据安全教育培训，采取相应的技术措施和其他必要措施，保障数据安全。利用互联网等信息网络开展数据处理活动，应当在网络安全等级保护制度的基础上，履行上述数据安全保护义务。

重要数据的处理者应当明确数据安全负责人和管理机构，落实数据安全保护责任。

第二十八条　开展数据处理活动以及研究开发数据新技术，应当有利于促进经济社会发展，增进人民福祉，符合社会公德和伦理。

第二十九条　开展数据处理活动应当加强风险监测，发现数据安全缺陷、漏洞等风险时，应当立即采取补救措施；发生数据安全事件时，应当立即采取处置措施，按照规定及时告知用户并向有关主管部门报告。

第三十条　重要数据的处理者应当按照规定对其数据处理活动定期开展风险评估，并向有关主管部门报送风险评估报告。

风险评估报告应当包括处理的重要数据的种类、数量，开展数据处理活动的情况，面临的数据安全风险及其应对措施等。

第三十一条　关键信息基础设施的运营者在中华人民共和国境内运营中收集和产生的重要数据的出境安全管理，适用《中华人民共和国网络安全法》的规定；其他数据处理者在中华人民共和国境内运营中收集和产生的重要数据的出境安全管理办法，由国家网信部门会同国务院有关部门制定。

第三十二条　任何组织、个人收集数据，应当采取合法、正当的方式，不得窃取或者以其他非法方式获取数据。

法律、行政法规对收集、使用数据的目的、范围有规定的，应当在法律、行政法规规定的目的和范围内收集、使用数据。

第三十三条　从事数据交易中介服务的机构提供服务，应当要求数据提供方说明数据来源，审核交易双方的身份，并留存审核、交易记录。

第三十四条　法律、行政法规规定提供数据处理相关服务应当取得行政许可的，服务提供者应当依法取得许可。

第三十五条　公安机关、国家安全机关因依法维护国家安全或者侦查犯罪的需要调取数据，应当按照国家有关规定，经过严格的批准手续，依法进行，有关组织、个人应当予以配合。

第三十六条　中华人民共和国主管机关根据有关法律和中华人民共和国缔结或者参加的国际条约、协定，或者按照平等互惠原则，处理外国司法或者执法机构关于提供数据的请求。非经中华人民共和国主管机关批准，境内的组织、个人不得向外国司法或者执法机构提供存储于中华人民共和国境内的数据。

第五章　政务数据安全与开放

第三十七条　国家大力推进电子政务建设，提高政务数据的科学性、准确性、时效性，提升运用数据服务经济社会发展的能力。

第三十八条　国家机关为履行法定职责的需要收集、使用数据，应当在其履行法定职责的范围内依照法律、行政法规规定的条件和程序进行；对在履行职责中知悉的个人隐私、个人信息、商业秘密、保密商务信息等数据应当依法予以保密，不得泄露或者非法向他人提供。

第三十九条　国家机关应当依照法律、行政法规的规定，建立健全数据安全管理制度，落实数据安全保护责任，保障政务数据安全。

第四十条　国家机关委托他人建设、维护电子政务系统，存储、加工政务数据，应当经过严格的批准程序，并应当监督受托方履行相应的数据安全保护义务。受托方应当依照法律、法规的规定和合同约定履行数据安全保护义务，不得擅自留存、使用、泄露或者向他人提供政务数据。

第四十一条　国家机关应当遵循公正、公平、便民的原则，按照规定及时、准确地公开政务数据。依法不予公开的除外。

第四十二条　国家制定政务数据开放目录，构建统一规范、互联互通、安全可控的政务数据开放平台，推动政务数据开放利用。

第四十三条　法律、法规授权的具有管理公共事务职能的组织为履行法定职责开展数据处理活动，适用本章规定。

第六章　法　律　责　任

第四十四条　有关主管部门在履行数据安全监管职责中，发现数据处理活动存在较大安全风险的，可以按照规定的权限和程序对有关组织、个人进行约谈，并要求有关组织、个人采取措施进行整改，消除隐患。

第四十五条　开展数据处理活动的组织、个人不履行本法第二十七条、第二十九条、第三十条规定的数据安全保护义务的，由有关主管部门责令改正，给予警告，可以并处五万元以上五十万元以下罚款，对直接负责的主管人员和其他直接责任人员可以处一万元以上十万元以下罚款；拒不改正或者造成大量数据泄露等严重后果的，处五十万元以上二百万元以下罚款，并可以责令暂停相关业务、停业整顿、吊销相关业务许可证或者吊销营业执照，对直接负责的主管人员和其他直接责任人员处五万元以上二十万元以下罚款。

违反国家核心数据管理制度，危害国家主权、安全和发展利益的，由有关主管部门处二百万元以上一千万元以下罚款，并根据情况责令暂停相关业务、停业整顿、吊销相关业务许可证或者吊销营业执照；构成犯罪的，依法追究刑事责任。

第四十六条　违反本法第三十一条规定，向境外提供重要数据的，由有关主管部门责令改正，给予警告，可以并处十万元以上一百万元以下罚款，对直接负责的主管人员和其他直接责任人员可以处一万元以上十万元以下罚款；情节严重的，处一百万元以上一千万元以下罚款，并可以责令暂停相关业务、停业整顿、吊销相关业务许可证或者吊销营业执照，对直接负责的主管人员和其他直接责任人员处十万元以上一百万元以下罚款。

第四十七条　从事数据交易中介服务的机构未履行本法第三十三条规定的义务的，由有关主管部门责令改正，没收违法所得，处违法所得一倍以上十倍以下罚款，没有违法所得或者违法所得不足十万元的，处十万元以上一百万元以下罚款，并可以责令暂停相关业务、停业整顿、吊销相关业务许可证或者吊销营业执照；对直接负责的主管人员和其他直接责任人员处一万元以上十万元以下罚款。

第四十八条　违反本法第三十五条规定，拒不配合数据调取的，由有关主管部门责令改正，给予警告，并处五万元以上五十万元以下罚款，对直接负责的主管人员和其他直接责任人员处一万元以上十万元以下罚款。

违反本法第三十六条规定，未经主管机关批准向外国司法或者执法机构提供数据的，由有关主管部门给予警告，可以并处十万元以上一百万元以下罚款，对直接负责的主管人员和其他直接责任人员可以处一万元以上十万元以下罚款；造成严重后果的，处一百万元以上五百万元以下罚款，并可以责令暂停相关业务、停业整顿、吊销相关业务许可证或者吊销营业执照，对直接负责的主管人员和其他直接责任人员处五万元以上五十万元以下罚款。

第四十九条　国家机关不履行本法规定的数据安全保护义务的，对直接负责的主管人员和其他直接责任人员依法给予处分。

第五十条　履行数据安全监管职责的国家工作人员玩忽职守、滥用职权、徇私舞弊的，依法给予处分。

第五十一条　窃取或者以其他非法方式获取数据，开展数据处理活动排除、限制竞争，或者损害个人、组织合法权益的，依照有关法律、行政法规的规定处罚。

第五十二条　违反本法规定，给他人造成损害的，依法承担民事责任。

违反本法规定，构成违反治安管理行为的，依法给予治安管理处罚；构成犯罪的，依法追究刑事责任。

第七章　附　则

第五十三条　开展涉及国家秘密的数据处理活动，适用《中华人民共和国保守国家秘密法》等法律、行政法规的规定。

在统计、档案工作中开展数据处理活动，开展涉及个人信息的数据处理活动，还应当遵守有关法律、行政法规的规定。

第五十四条　军事数据安全保护的办法，由中央军事委员会依据本法另行制定。

第五十五条　本法自 2021 年 9 月 1 日起施行。

5.6.2　立法的意义

《数据安全法》的实施对于维护国家安全、保护人民群众合法权益、促进数字经济发展、实现数据监管有法可依等方面具有重要的意义，具体体现在以下几个方面。

(1) 维护国家安全。

《数据安全法》贯彻落实了总体国家安全观，并聚焦数据安全领域的风险隐患，可加强国家数据安全工作的统筹协调能力，提升国家数据安全保障能力，从而有效应对数据这一非传统领域的国家安全风险与挑战，切实维护国家主权、安全和发展利益。

(2) 保护人民群众合法权益。

《数据安全法》明确了相关主体依法依规开展数据活动，建立健全数据安全管理制度，加强风险监测和及时处置数据安全事件等义务和责任；通过严格规范数据处理活动，可切实加强数据安全保护，让广大人民群众在数字化发展中获得更多幸福感、安全感。

(3) 促进数字经济发展。

《数据安全法》坚持安全与发展并重，在规范数据处理活动的同时，对数据收集、数据交易、政务数据开发利用等作出相应规定，有助于充分发挥数据的基础资源作用和创新引擎作用，加快形成以创新为主要引领和支撑的数字经济，更好地为我国经济社会发展服务。

(4) 实现数据监管有法可依。

随着近些年数据安全热点事件的出现，如数据泄露、勒索病毒、个人信息滥用等，对数据保护的需求越发迫切。因此，《数据安全法》的出台填补了我国数据安全保护立法的空白，实现了对数据的有效监管。

(5) 扩大数据保护范围。

《数据安全法》所称数据包括电子和非电子形式的数据，扩大了数据保护的范围，同时对数据的保护也更加完善。

(6) 完善跨境数据流动制度。

《数据安全法》针对重要数据完善了跨境数据流动制度，通过出口管制的形式限制了管制物项数据的出口，实现了对所有重要数据出境的安全保障。

5.7　中华人民共和国反电信网络诈骗法

《中华人民共和国反电信网络诈骗法》(以下简称《反电信网络诈骗法》) 是为了预防、遏制和惩治电信网络诈骗活动，加强反电信网络诈骗工作，保护公民和组织的合法权益，维护社会稳定和国家安全，根据《宪法》制定的法律。2022 年 9 月 2 日，第十三届全国人民代表大会常务委员会第三十六次会议表决通过《反电信网络诈骗法》，自 2022 年 12 月 1 日起施行。

5.7.1　法律全文

第一章　总　　则

第一条　为了预防、遏制和惩治电信网络诈骗活动，加强反电信网络诈骗工作，保护公民和组织的合法权益，维护社会稳定和国家安全，根据宪法，制定本法。

第二条　本法所称电信网络诈骗，是指以非法占有为目的，利用电信网络技术手段，通过远程、非接触等方式，诈骗公私财物的行为。

第三条　打击治理在中华人民共和国境内实施的电信网络诈骗活动或者中华人民共和国公民在境外实施的电信网络诈骗活动，适用本法。

境外的组织、个人针对中华人民共和国境内实施电信网络诈骗活动的，或者为他人针对境内实施电信网络诈骗活动提供产品、服务等帮助的，依照本法有关规定处理和追究责任。

第四条　反电信网络诈骗工作坚持以人民为中心，统筹发展和安全；坚持系统观念、法治思维，注重源头治理、综合治理；坚持齐抓共管、群防群治，全面落实打防管控各项措施，加强社会宣传教育防范；坚持精准防治，保障正常生产经营活动和群众生活便利。

第五条　反电信网络诈骗工作应当依法进行，维护公民和组织的合法权益。

有关部门和单位、个人应当对在反电信网络诈骗工作过程中知悉的国家秘密、商业秘密和个人隐私、个人信息予以保密。

第六条　国务院建立反电信网络诈骗工作机制，统筹协调打击治理工作。

地方各级人民政府组织领导本行政区域内反电信网络诈骗工作，确定反电信网络诈骗目标任务和工作机制，开展综合治理。

公安机关牵头负责反电信网络诈骗工作，金融、电信、网信、市场监管等有关部门依照职责履行监管主体责任，负责本行业领域反电信网络诈骗工作。

人民法院、人民检察院发挥审判、检察职能作用，依法防范、惩治电信网络诈骗活动。

电信业务经营者、银行业金融机构、非银行支付机构、互联网服务提供者承担风险防控责任，建立反电信网络诈骗内部控制机制和安全责任制度，加强新业务涉诈风险安全评估。

第七条　有关部门、单位在反电信网络诈骗工作中应当密切协作，实现跨行业、跨地域协同配合、快速联动，加强专业队伍建设，有效打击治理电信网络诈骗活动。

第八条　各级人民政府和有关部门应当加强反电信网络诈骗宣传，普及相关法律和知识，提高公众对各类电信网络诈骗方式的防骗意识和识骗能力。

教育行政、市场监管、民政等有关部门和村民委员会、居民委员会，应当结合电信网络诈骗受害群体的分布等特征，加强对老年人、青少年等群体的宣传教育，增强反电信网络诈骗宣传教育的针对性、精准性，开展反电信网络诈骗宣传教育进学校、进企业、进社区、进农村、进家庭等活动。

各单位应当加强内部防范电信网络诈骗工作，对工作人员开展防范电信网络诈骗教育；个人应当加强电信网络诈骗防范意识。单位、个人应当协助、配合有关部门依照本法规定开展反电信网络诈骗工作。

第二章　电　信　治　理

第九条　电信业务经营者应当依法全面落实电话用户真实身份信息登记制度。

基础电信企业和移动通信转售企业应当承担对代理商落实电话用户实名制管理责任，在协议中明确代理商实名制登记的责任和有关违约处置措施。

第十条　办理电话卡不得超出国家有关规定限制的数量。

对经识别存在异常办卡情形的，电信业务经营者有权加强核查或者拒绝办卡。具体识别办法由国务院电信主管部门制定。

国务院电信主管部门组织建立电话用户开卡数量核验机制和风险信息共享机制，并为用户查询名下电话卡信息提供便捷渠道。

第十一条　电信业务经营者对监测识别的涉诈异常电话卡用户应当重新进行实名核验，根据风险等级采取有区别的、相应的核验措施。对未按规定核验或者核验未通过的，电信业务经营者可以限制、暂停有关电话卡功能。

第十二条　电信业务经营者建立物联网卡用户风险评估制度，评估未通过的，不得向其销售物联网卡；严格登记物联网卡用户身份信息；采取有效技术措施限定物联网卡开通功能、使用场景和适用设备。

单位用户从电信业务经营者购买物联网卡再将载有物联网卡的设备销售给其他用户的，应当核验和登记用户身份信息，并将销量、存量及用户实名信息传送给号码归属的电信业务经营者。

电信业务经营者对物联网卡的使用建立监测预警机制。对存在异常使用情形的，应当采取暂停服务、重新核验身份和使用场景或者其他合同约定的处置措施。

第十三条　电信业务经营者应当规范真实主叫号码传送和电信线路出租，对改号电话进行封堵拦截和溯源核查。

电信业务经营者应当严格规范国际通信业务出入口局主叫号码传送，真实、准确向用户提示来电号码所属国家或者地区，对网内和网间虚假主叫、不规范主叫进行识别、拦截。

第十四条　任何单位和个人不得非法制造、买卖、提供或者使用下列设备、软件：

（一）电话卡批量插入设备；

（二）具有改变主叫号码、虚拟拨号、互联网电话违规接入公用电信网络等功能的设备、软件；

（三）批量账号、网络地址自动切换系统，批量接收提供短信验证、语音验证的平台；

（四）其他用于实施电信网络诈骗等违法犯罪的设备、软件。

电信业务经营者、互联网服务提供者应当采取技术措施，及时识别、阻断前款规定的非法设备、软件接入网络，并向公安机关和相关行业主管部门报告。

第三章　金　融　治　理

第十五条　银行业金融机构、非银行支付机构为客户开立银行账户、支付账户及提供支付结算服务，和与客户业务关系存续期间，应当建立客户尽职调查制度，依法识别受益所有人，采取相应风险管理措施，防范银行账户、支付账户等被用于电信网络诈骗活动。

第十六条　开立银行账户、支付账户不得超出国家有关规定限制的数量。

对经识别存在异常开户情形的，银行业金融机构、非银行支付机构有权加强核查或者拒绝开户。

中国人民银行、国务院银行业监督管理机构组织有关清算机构建立跨机构开户数量核验机制和风险信息共享机制，并为客户提供查询名下银行账户、支付账户的便捷渠道。银行业金融机构、非银行支付机构应当按照国家有关规定提供开户情况和有关风险信息。相关信息不得用于反电信网络诈骗以外的其他用途。

第十七条　银行业金融机构、非银行支付机构应当建立开立企业账户异常情形的风险防控机制。金融、电信、市场监管、税务等有关部门建立开立企业账户相关信息共享查询系统，提供联网核查服务。

市场主体登记机关应当依法对企业实名登记履行身份信息核验职责；依照规定对登记事项进行监督检查，对可能存在虚假登记、涉诈异常的企业重点监督检查，依法撤销登记的，依照前款的规定及时共享信息；为银行业金融机构、非银行支付机构进行客户尽职调查和依法识别受益所有人提供便利。

第十八条　银行业金融机构、非银行支付机构应当对银行账户、支付账户及支付结算服务加强监测，建立完善符合电信网络诈骗活动特征的异常账户和可疑交易监测机制。

中国人民银行统筹建立跨银行业金融机构、非银行支付机构的反洗钱统一监测系统，会同国务院公安部门完善与电信网络诈骗犯罪资金流转特点相适应的反洗钱可疑交易报告制度。

对监测识别的异常账户和可疑交易，银行业金融机构、非银行支付机构应当根据风险情况，采取核实交易情况、重新核验身份、延迟支付结算、限制或者中止有关业务等必要的防范措施。

银行业金融机构、非银行支付机构依照第一款规定开展异常账户和可疑交易监测时，可以收集异常客户互联网协议地址、网卡地址、支付受理终端信息等必要的交易信息、设备位置信息。上述信息未经客户授权，不得用于反电信网络诈骗以外的其他用途。

第十九条　银行业金融机构、非银行支付机构应当按照国家有关规定，完整、准确传输直接提供商品或者服务的商户名称、收付款客户名称及账号等交易信息，保证交易信息的真实、完整和支付全流程中的一致性。

第二十条　国务院公安部门会同有关部门建立完善电信网络诈骗涉案资金即时查询、紧急止付、快速冻结、及时解冻和资金返还制度，明确有关条件、程序和救济措施。

公安机关依法决定采取上述措施的，银行业金融机构、非银行支付机构应当予以配合。

第四章　互联网治理

第二十一条　电信业务经营者、互联网服务提供者为用户提供下列服务，在与用户签订协议或者确认提供服务时，应当依法要求用户提供真实身份信息，用户不提供真实身份信息的，不得提供服务：

（一）提供互联网接入服务；

（二）提供网络代理等网络地址转换服务；

（三）提供互联网域名注册、服务器托管、空间租用、云服务、内容分发服务；

（四）提供信息、软件发布服务，或者提供即时通讯、网络交易、网络游戏、网络直播发布、广告推广服务。

第二十二条　互联网服务提供者对监测识别的涉诈异常账号应当重新核验，根据国家有关规定采取限制功能、暂停服务等处置措施。

互联网服务提供者应当根据公安机关、电信主管部门要求，对涉案电话卡、涉诈异常电话卡所关联注册的有关互联网账号进行核验，根据风险情况，采取限期改正、限制功能、暂停使用、关闭账号、禁止重新注册等处置措施。

第二十三条　设立移动互联网应用程序应当按照国家有关规定向电信主管部门办理许可或者备案手续。

为应用程序提供封装、分发服务的，应当登记并核验应用程序开发运营者的真实身份信息，核验应用程序的功能、用途。

公安、电信、网信等部门和电信业务经营者、互联网服务提供者应当加强对分发平台以外途径下载传播的涉诈应用程序重点监测、及时处置。

第二十四条　提供域名解析、域名跳转、网址链接转换服务的，应当按照国家有关规定，核验域名注册、解析信息和互联网协议地址的真实性、准确性，规范域名跳转，记录并留存所提供相应服务的日志信息，支持实现对解析、跳转、转换记录的溯源。

第二十五条　任何单位和个人不得为他人实施电信网络诈骗活动提供下列支持或者帮助：

（一）出售、提供个人信息；

（二）帮助他人通过虚拟货币交易等方式洗钱；

（三）其他为电信网络诈骗活动提供支持或者帮助的行为。

电信业务经营者、互联网服务提供者应当依照国家有关规定，履行合理注意义务，对利用下列业务从事涉诈支持、帮助活动进行监测识别和处置：

（一）提供互联网接入、服务器托管、网络存储、通讯传输、线路出租、域名解析等网络资源服务；

（二）提供信息发布或者搜索、广告推广、引流推广等网络推广服务；

（三）提供应用程序、网站等网络技术、产品的制作、维护服务；

（四）提供支付结算服务。

第二十六条　公安机关办理电信网络诈骗案件依法调取证据的，互联网服务提供者应当及时提供技术支持和协助。

互联网服务提供者依照本法规定对有关涉诈信息、活动进行监测时，发现涉诈违法犯罪线索、风险信息的，应当依照国家有关规定，根据涉诈风险类型、程度情况移送公安、金融、电信、网信等部门。有关部门应当建立完善反馈机制，将相关情况及时告知移送单位。

第五章　综合措施

第二十七条　公安机关应当建立完善打击治理电信网络诈骗工作机制，加强专门队伍和专业技术建设，各警种、各地公安机关应当密切配合，依法有效惩处电信网络诈骗活动。

公安机关接到电信网络诈骗活动的报案或者发现电信网络诈骗活动，应当依照《中华人民共和国刑事诉讼法》的规定立案侦查。

第二十八条　金融、电信、网信部门依照职责对银行业金融机构、非银行支付机构、电信业务经营者、互联网服务提供者落实本法规定情况进行监督检查。有关监督检查活动应当依法规范开展。

第二十九条　个人信息处理者应当依照《中华人民共和国个人信息保护法》等法律规定，规范个人信息处理，加强个人信息保护，建立个人信息被用于电信网络诈骗的防范机制。

履行个人信息保护职责的部门、单位对可能被电信网络诈骗利用的物流信息、交易信息、贷款信息、医疗信息、婚介信息等实施重点保护。公安机关办理电信网络诈骗案件，应当同时查证犯罪所利用的个人信息来源，依法追究相关人员和单位责任。

第三十条　电信业务经营者、银行业金融机构、非银行支付机构、互联网服务提供者应当对从业人员和用户开展反电信网络诈骗宣传，在有关业务活动中对防范电信网络诈骗作出提示，对本领域新出现的电信网络诈骗手段及时向用户作出提醒，对非法买卖、出租、出借本人有关卡、账户、账号等被用于电信网络诈骗的法律责任作出警示。

新闻、广播、电视、文化、互联网信息服务等单位，应当面向社会有针对性地开展反电信网络诈骗宣传教育。

任何单位和个人有权举报电信网络诈骗活动，有关部门应当依法及时处理，对提供有效信息的举报人依照规定给予奖励和保护。

第三十一条　任何单位和个人不得非法买卖、出租、出借电话卡、物联网卡、电信线路、短信端口、银行账户、支付账户、互联网账号等，不得提供实名核验帮助；不得假冒他人身份或者虚构代理关系开立上述卡、账户、账号等。

对经设区的市级以上公安机关认定的实施前款行为的单位、个人和相关组织者，以及因从事电信网络诈骗活动或者关联犯罪受过刑事处罚的人员，可以按照国家有关规定记入信用记录，采取限制其有关卡、账户、账号等功能和停止非柜面业务、暂停新业务、限制入网等措施。对上述认定和措施有异议的，可以提出申诉，有关部门应当建立健全申诉渠道、信用修复和救济制度。具体办法由国务院公安部门会同有关主管部门规定。

第三十二条　国家支持电信业务经营者、银行业金融机构、非银行支付机构、互联网服务提供者研究开发有关电信网络诈骗反制技术，用于监测识别、动态封堵和处置涉诈异常信息、活动。

国务院公安部门、金融管理部门、电信主管部门和国家网信部门等应当统筹负责本行业领域反制技术措施建设，推进涉电信网络诈骗样本信息数据共享，加强涉诈用户信息交叉核验，建立有关涉诈异常信息、活动的监测识别、动态封堵和处置机制。

依据本法第十一条、第十二条、第十八条、第二十二条和前款规定，对涉诈异常情形采取限制、暂停服务等处置措施的，应当告知处置原因、救济渠道及需要提交的资料等事项，被处置对象可以向作出决定或者采取措施的部门、单位提出申诉。作出决定的部门、单位应当建立完善申诉渠道，及时受理申诉并核查，核查通过的，应当即时解除有关措施。

第三十三条　国家推进网络身份认证公共服务建设，支持个人、企业自愿使用，电信业务经营者、银行业金融机构、非银行支付机构、互联网服务提供者对存在涉诈异常的电话卡、银行账户、支付账户、互联网账号，可以通过国家网络身份认证公共服务对用户身份重新进行核验。

第三十四条　公安机关应当会同金融、电信、网信部门组织银行业金融机构、非银行支付机构、电信业务经营者、互联网服务提供者等建立预警劝阻系统，对预警发现的潜在被害人，根据情况及时采取相应劝阻措施。对电信网络诈骗案件应当加强追赃挽损，完善涉案资金处置制度，及时返还被害人的合法财产。对遭受重大生活困难的被害人，符合国家有关救助条件的，有关方面依照规定给予救助。

第三十五条　经国务院反电信网络诈骗工作机制决定或者批准，公安、金融、电信等部门对电信网络诈骗活动严重的特定地区，可以依照国家有关规定采取必要的临时风险防范措施。

第三十六条　对前往电信网络诈骗活动严重地区的人员，出境活动存在重大涉电信网络诈骗活动嫌疑的，移民管理机构可以决定不准其出境。

因从事电信网络诈骗活动受过刑事处罚的人员，设区的市级以上公安机关可以根据犯罪情况和预防再犯罪的需要，决定自处罚完毕之日起六个月至三年以内不准其出境，并通知移民管理机构执行。

第三十七条　国务院公安部门等会同外交部门加强国际执法司法合作，与有关国家、地区、国际组织建立有效合作机制，通过开展国际警务合作等方式，提升在信息交流、调查取证、侦查抓捕、追赃挽损等方面的合作水平，有效打击遏制跨境电信网络诈骗活动。

第六章　法　律　责　任

第三十八条　组织、策划、实施、参与电信网络诈骗活动或者为电信网络诈骗活动提供帮助，构成犯罪的，依法追究刑事责任。

前款行为尚不构成犯罪的，由公安机关处十日以上十五日以下拘留；没收违法所得，处违法所得一倍以上十倍以下罚款，没有违法所得或者违法所得不足一万元的，处十万元以下罚款。

第三十九条　电信业务经营者违反本法规定，有下列情形之一的，由有关主管部门责令改正，情节较轻的，给予警告、通报批评，或者处五万元以上五十万元以下罚款；情节严重的，处五十万元以上五百万元以下罚款，并可以由有关主管部门责令暂停相关业务、停业整顿、吊销相关业务许可证或者吊销营业执照，对其直接负责的主管人员和其他直接责任人员，处一万元以上二十万元以下罚款：

（一）未落实国家有关规定确定的反电信网络诈骗内部控制机制的；

（二）未履行电话卡、物联网卡实名制登记职责的；

（三）未履行对电话卡、物联网卡的监测识别、监测预警和相关处置职责的；

（四）未对物联网卡用户进行风险评估，或者未限定物联网卡的开通功能、使用场景和适用设备的；

（五）未采取措施对改号电话、虚假主叫或者具有相应功能的非法设备进行监测处置的。

第四十条　银行业金融机构、非银行支付机构违反本法规定，有下列情形之一的，由有关主管部门责令改正，情节较轻的，给予警告、通报批评，或者处五万元以上五十万元以下罚款；情节严重的，处五十万元以上五百万元以下罚款，并可以由有关主管部门责令停止新增业务、缩减业务类型或者业务范围、暂停相关业务、停业整顿、吊销相关业务许可证或者吊销营业执照，对其直接负责的主管人员和其他直接责任人员，处一万元以上二十万元以下罚款：

（一）未落实国家有关规定确定的反电信网络诈骗内部控制机制的；

（二）未履行尽职调查义务和有关风险管理措施的；

（三）未履行对异常账户、可疑交易的风险监测和相关处置义务的；

（四）未按照规定完整、准确传输有关交易信息的。

第四十一条　电信业务经营者、互联网服务提供者违反本法规定，有下列情形之一的，由有关主管部门责令改正，情节较轻的，给予警告、通报批评，或者处五万元以上五十万元以下罚款；情节严重的，处五十万元以上五百万元以下罚款，并可以由有关主管部门责令暂停相关业务、停业整顿、关闭网站或者应用程序、吊销相关业务许可证或者吊销营业执照，对其直接负责的主管人员和其他直接责任人员，处一万元以上二十万元以下罚款：

（一）未落实国家有关规定确定的反电信网络诈骗内部控制机制的；

（二）未履行网络服务实名制职责，或者未对涉案、涉诈电话卡关联注册互联网账号进行核验的；

（三）未按照国家有关规定，核验域名注册、解析信息和互联网协议地址的真实性、准确性，规范域名跳转，或者记录并留存所提供相应服务的日志信息的；

（四）未登记核验移动互联网应用程序开发运营者的真实身份信息或者未核验应用程序的功能、用途，为其提供应用程序封装、分发服务的；

（五）未履行对涉诈互联网账号和应用程序，以及其他电信网络诈骗信息、活动的监测识别和处置义务的；

（六）拒不依法为查处电信网络诈骗犯罪提供技术支持和协助，或者未按规定移送有关违法犯罪线索、风险信息的。

第四十二条 违反本法第十四条、第二十五条第一款规定的，没收违法所得，由公安机关或者有关主管部门处违法所得一倍以上十倍以下罚款，没有违法所得或者违法所得不足五万元的，处五十万元以下罚款；情节严重的，由公安机关并处十五日以下拘留。

第四十三条 违反本法第二十五条第二款规定，由有关主管部门责令改正，情节较轻的，给予警告、通报批评，或者处五万元以上五十万元以下罚款；情节严重的，处五十万元以上五百万元以下罚款，并可以由有关主管部门责令暂停相关业务、停业整顿、关闭网站或者应用程序，对其直接负责的主管人员和其他直接责任人员，处一万元以上二十万元以下罚款。

第四十四条 违反本法第三十一条第一款规定的，没收违法所得，由公安机关处违法所得一倍以上十倍以下罚款，没有违法所得或者违法所得不足二万元的，处二十万元以下罚款；情节严重的，并处十五日以下拘留。

第四十五条 反电信网络诈骗工作有关部门、单位的工作人员滥用职权、玩忽职守、徇私舞弊，或者有其他违反本法规定行为，构成犯罪的，依法追究刑事责任。

第四十六条 组织、策划、实施、参与电信网络诈骗活动或者为电信网络诈骗活动提供相关帮助的违法犯罪人员，除依法承担刑事责任、行政责任以外，造成他人损害的，依照《中华人民共和国民法典》等法律的规定承担民事责任。

电信业务经营者、银行业金融机构、非银行支付机构、互联网服务提供者等违反本法规定，造成他人损害的，依照《中华人民共和国民法典》等法律的规定承担民事责任。

第四十七条 人民检察院在履行反电信网络诈骗职责中，对于侵害国家利益和社会公共利益的行为，可以依法向人民法院提起公益诉讼。

第四十八条 有关单位和个人对依照本法作出的行政处罚和行政强制措施决定不服的，可以依法申请行政复议或者提起行政诉讼。

第七章 附 则

第四十九条 反电信网络诈骗工作涉及的有关管理和责任制度，本法没有规定的，适用《中华人民共和国网络安全法》、《中华人民共和国个人信息保护法》、《中华人民共和国反洗钱法》等相关法律规定。

第五十条　本法自 2022 年 12 月 1 日起施行。

5.7.2　立法的意义

《反电信网络诈骗法》的制定和施行具有重要的意义，主要体现在以下几个方面：

(1) 保护公民合法权益：该法明确了电信网络诈骗行为的法律责任，为打击这类犯罪提供了有力的法律依据；法律规定了对电信网络诈骗犯罪的严厉惩处，有助于震慑潜在犯罪分子，降低犯罪发生率，从而预防、遏制和惩治电信网络诈骗活动；通过加强反电信网络诈骗工作，可保护公民的合法权益，维护社会稳定和国家安全。

(2) 维护社会公平正义和和谐稳定：该法的出台和实施，有利于保护公民的财产安全，减少因诈骗造成的经济损失；通过打击电信网络诈骗犯罪行为，可以增强社会的信任度，有助于维护社会的公平正义，保持社会的和谐稳定，促进国家的长治久安。

(3) 实施依法治国的基本方略：该法的出台和实施，体现了国家依法治国的理念，同时维护了法律尊严，推动了社会主义法治国家的建设。

(4) 源头治理与综合治理：该法不仅关注于打击电信网络诈骗活动，还强调源头治理与综合治理；通过多部门联动，全链条治理，形成协同打击治理合力，有助于遏制电信网络诈骗活动的发生。

(5) 引导行业规范发展：该法对电信行业提出了更高的要求，促使其加强自我管理，规范电信行业的经营行为；通过法律的引导和规范，有助于电信行业实现健康、有序的发展。

(6) 加强有针对性的宣传教育和防范预警：该法明确规定了各级政府和部门的宣传教育职责，并加强对老年人、青少年等重点易受害群体的宣传教育，有助于提高公众的防骗意识和识骗能力。

综上所述，《反电信网络诈骗法》的出台在强化法律保护、维护社会秩序、引导行业规范发展以及提高公众防范意识等方面都具有重要意义。

思　考　题

1. 简述国家秘密的范围和密级。
2. 电子签名同时符合哪些条件的视为可靠的电子签名？
3. 《关于维护互联网安全的决定》中，哪些行为可构成犯罪？

第六章　信息安全国家行政法规

中华人民共和国国务院根据《宪法》和法律，规定行政措施，制定行政法规。根据《立法法》的规定，行政法规可以就下列两个方面的事项作出规定：一是为执行法律的规定需要制定行政法规的事项；二是《宪法》第八十九条规定的国务院行政管理职权的事项。此外，国务院还可以根据实际需要，经全国人民代表大会及其常务委员会授权，对属于全国人民代表大会及其常务委员会专属立法权而尚未制定法律的事项，制定行政法规。

本章从行政法规层面上介绍重要的已公布的信息安全相关的国家法规。

6.1　中华人民共和国计算机信息系统安全保护条例

《中华人民共和国计算机信息系统安全保护条例》是我国第一部涉及计算机信息系统安全的行政法规，于 1994 年 2 月 18 日由中华人民共和国国务院令第 147 号发布，根据 2011 年 1 月 8 日《国务院关于废止和修改部分行政法规的决定》修订。全文如下：

第一章　总　　则

第一条　为了保护计算机信息系统的安全，促进计算机的应用和发展，保障社会主义现代化建设的顺利进行，制定本条例。

第二条　本条例所称的计算机信息系统，是指由计算机及其相关的和配套的设备、设施（含网络）构成的，按照一定的应用目标和规则对信息进行采集、加工、存储、传输、检索等处理的人机系统。

第三条　计算机信息系统的安全保护，应当保障计算机及其相关的和配套的设备、设施（含网络）的安全，运行环境的安全，保障信息的安全，保障计算机功能的正常发挥，以维护计算机信息系统的安全运行。

第四条　计算机信息系统的安全保护工作，重点维护国家事务、经济建设、国防建设、尖端科学技术等重要领域的计算机信息系统的安全。

第五条　中华人民共和国境内的计算机信息系统的安全保护，适用本条例。

未联网的微型计算机的安全保护办法，另行制定。

第六条　公安部主管全国计算机信息系统安全保护工作。

国家安全部、国家保密局和国务院其他有关部门，在国务院规定的职责范围内做好计算机信息系统安全保护的有关工作。

第七条　任何组织或者个人，不得利用计算机信息系统从事危害国家利益、集体利益和公民合法利益的活动，不得危害计算机信息系统的安全。

第二章　安全保护制度

第八条　计算机信息系统的建设和应用，应当遵守法律、行政法规和国家其他有关规定。

第九条　计算机信息系统实行安全等级保护。安全等级的划分标准和安全等级保护的具体办法，由公安部会同有关部门制定。

第十条　计算机机房应当符合国家标准和国家有关规定。

在计算机机房附近施工，不得危害计算机信息系统的安全。

第十一条　进行国际联网的计算机信息系统，由计算机信息系统的使用单位报省级以上人民政府公安机关备案。

第十二条　运输、携带、邮寄计算机信息媒体进出境的，应当如实向海关申报。

第十三条　计算机信息系统的使用单位应当建立健全安全管理制度，负责本单位计算机信息系统的安全保护工作。

第十四条　对计算机信息系统中发生的案件，有关使用单位应当在 24 小时内向当地县级以上人民政府公安机关报告。

第十五条　对计算机病毒和危害社会公共安全的其他有害数据的防治研究工作，由公安部归口管理。

第十六条　国家对计算机信息系统安全专用产品的销售实行许可证制度。具体办法由公安部会同有关部门制定。

第三章　安　全　监　督

第十七条　公安机关对计算机信息系统安全保护工作行使下列监督职权：

（一）监督、检查、指导计算机信息系统安全保护工作；

（二）查处危害计算机信息系统安全的违法犯罪案件；

（三）履行计算机信息系统安全保护工作的其他监督职责。

第十八条　公安机关发现影响计算机信息系统安全的隐患时，应当及时通知使用单位采取安全保护措施。

第十九条　公安部在紧急情况下，可以就涉及计算机信息系统安全的特定事项发布专项通令。

第四章　法　律　责　任

第二十条　违反本条例的规定，有下列行为之一的，由公安机关处以警告或者停机整顿：

（一）违反计算机信息系统安全等级保护制度，危害计算机信息系统安全的；

（二）违反计算机信息系统国际联网备案制度的；

（三）不按照规定时间报告计算机信息系统中发生的案件的；

（四）接到公安机关要求改进安全状况的通知后，在限期内拒不改进的；

（五）有危害计算机信息系统安全的其他行为的。

第二十一条 计算机机房不符合国家标准和国家其他有关规定的，或者在计算机机房附近施工危害计算机信息系统安全的，由公安机关会同有关单位进行处理。

第二十二条 运输、携带、邮寄计算机信息媒体进出境，不如实向海关申报的，由海关依照《中华人民共和国海关法》和本条例以及其他有关法律、法规的规定处理。

第二十三条 故意输入计算机病毒以及其他有害数据危害计算机信息系统安全的，或者未经许可出售计算机信息系统安全专用产品的，由公安机关处以警告或者对个人处以5000元以下的罚款、对单位处以1.5万元以下的罚款；有违法所得的，除予以没收外，可以处以违法所得1至3倍的罚款。

第二十四条 违反本条例的规定，构成违反治安管理行为的，依照《中华人民共和国治安管理处罚法》的有关规定处罚；构成犯罪的，依法追究刑事责任。

第二十五条 任何组织或者个人违反本条例的规定，给国家、集体或者他人财产造成损失的，应当依法承担民事责任。

第二十六条 当事人对公安机关依照本条例所作出的具体行政行为不服的，可以依法申请行政复议或者提起行政诉讼。

第二十七条 执行本条例的国家公务员利用职权，索取、收受贿赂或者有其他违法、失职行为，构成犯罪的，依法追究刑事责任；尚不构成犯罪的，给予行政处分。

第五章 附 则

第二十八条 本条例下列用语的含义：

计算机病毒，是指编制或者在计算机程序中插入的破坏计算机功能或者毁坏数据，影响计算机使用，并能自我复制的一组计算机指令或者程序代码。

计算机信息系统安全专用产品，是指用于保护计算机信息系统安全的专用硬件和软件产品。

第二十九条 军队的计算机信息系统安全保护工作，按照军队的有关法规执行。

第三十条 公安部可以根据本条例制定实施办法。

第三十一条 本条例自发布之日起施行。

6.2 中华人民共和国计算机信息网络国际联网管理暂行规定

《中华人民共和国计算机信息网络国际联网管理暂行规定》于1996年2月1日由中华

人民共和国国务院令第 195 号发布，根据 1997 年 5 月 20 日《国务院关于修改＜中华人民共和国计算机信息网络国际联网管理暂行规定＞的决定》第一次修订，根据 2024 年 3 月 10 日《国务院关于修改和废止部分行政法规的决定》第二次修订，自 2024 年 5 月 1 日起施行。全文如下：

第一条　为了加强对计算机信息网络国际联网的管理，保障国际计算机信息交流的健康发展，制定本规定。

第二条　中华人民共和国境内的计算机信息网络进行国际联网，应当依照本规定办理。

第三条　本规定下列用语的含义是：

（一）计算机信息网络国际联网（以下简称国际联网），是指中华人民共和国境内的计算机信息网络为实现信息的国际交流，同外国的计算机信息网络相联接。

（二）互联网络，是指直接进行国际联网的计算机信息网络；互联单位，是指负责互联网络运行的单位。

（三）接入网络，是指通过接入互联网络进行国际联网的计算机信息网络；接入单位，是指负责接入网络运行的单位。

第四条　国家对国际联网实行统筹规划、统一标准、分级管理、促进发展的原则。

第五条　国务院信息化工作领导小组（以下简称领导小组），负责协调、解决有关国际联网工作中的重大问题。

领导小组办公室按照本规定制定具体管理办法，明确国际出入口信道提供单位、互联单位、接入单位和用户的权利、义务和责任，并负责对国际联网工作的检查监督。

第六条　计算机信息网络直接进行国际联网，必须使用国家公用电信网提供的国际出入口信道。

任何单位和个人不得自行建立或者使用其他信道进行国际联网。

第七条　已经建立的互联网络，根据国务院有关规定调整后，分别由国务院电信主管部门、教育行政部门和中国科学院管理。

新建互联网络，必须报经国务院批准。

第八条　接入网络必须通过互联网络进行国际联网。

接入单位拟从事国际联网经营活动的，应当向有权受理从事国际联网经营活动申请的互联单位主管部门或者主管单位申请领取国际联网经营许可证；未取得国际联网经营许可证的，不得从事国际联网经营业务。

接入单位拟从事非经营活动的，应当报经有权受理从事非经营活动申请的互联单位主管部门或者主管单位审批；未经批准的，不得接入互联网络进行国际联网。

申请领取国际联网经营许可证或者办理审批手续时，应当提供其计算机信息网络的性质、应用范围和主机地址等资料。

国际联网经营许可证的格式，由领导小组统一制定。

第九条　从事国际联网经营活动的和从事非经营活动的接入单位必须具备下列条件：

（一）是依法设立的企业法人或者事业法人；

（二）具有相应的计算机信息网络、装备以及相应的技术人员和管理人员；

（三）具有健全的安全保密管理制度和技术保护措施；

（四）符合法律和国务院规定的其他条件。

接入单位从事国际联网经营活动的，除必须具备本条前款规定条件外，还应当具备为用户提供长期服务的能力。

从事国际联网经营活动的接入单位的情况发生变化，不再符合本条第一款、第二款规定条件的，其国际联网经营许可证由发证机构予以吊销；从事非经营活动的接入单位的情况发生变化，不再符合本条第一款规定条件的，其国际联网资格由审批机构予以取消。

第十条 个人、法人和其他组织（以下统称用户）使用的计算机或者计算机信息网络，需要进行国际联网的，必须通过接入网络进行国际联网。

前款规定的计算机或者计算机信息网络，需要接入网络的，应当征得接入单位的同意，并办理登记手续。

第十一条 国际出入口信道提供单位、互联单位和接入单位，应当建立相应的网络管理中心，依照法律和国家有关规定加强对本单位及其用户的管理，做好网络信息安全管理工作，确保为用户提供良好、安全的服务。

第十二条 互联单位与接入单位，应当负责本单位及其用户有关国际联网的技术培训和管理教育工作。

第十三条 从事国际联网业务的单位和个人，应当遵守国家有关法律、行政法规，严格执行安全保密制度，不得利用国际联网从事危害国家安全、泄露国家秘密等违法犯罪活动，不得制作、查阅、复制和传播妨碍社会治安的信息和淫秽色情等信息。

第十四条 违反本规定第六条、第八条和第十条的规定的，由公安机关责令停止联网，给予警告，可以并处 15 000 元以下的罚款；有违法所得的，没收违法所得。

第十五条 违反本规定，同时触犯其他有关法律、行政法规的，依照有关法律、行政法规的规定予以处罚；构成犯罪的，依法追究刑事责任。

第十六条 与台湾、香港、澳门地区的计算机信息网络的联网，参照本规定执行。

第十七条 本规定自发布之日起施行。

6.3 商用密码管理条例

《商用密码管理条例》的出台是为了规范和加强商用密码应用和管理，保护信息安全，保护公民、法人和其他组织的合法权益，维护国家安全和社会公共利益。本条例为中华人民共和国国务院令第 273 号，经 2023 年 4 月 14 日国务院第 4 次常务会议修订通过（中华人民共和国国务院令第 760 号），自 2023 年 7 月 1 日起施行。

第一章 总 则

第一条 为了规范商用密码应用和管理，鼓励和促进商用密码产业发展，保障网络与信息安全，维护国家安全和社会公共利益，保护公民、法人和其他组织的合法权益，根据《中华人民共和国密码法》等法律，制定本条例。

第二条 在中华人民共和国境内的商用密码科研、生产、销售、服务、检测、认证、进出口、应用等活动及监督管理，适用本条例。

本条例所称商用密码，是指采用特定变换的方法对不属于国家秘密的信息等进行加密保护、安全认证的技术、产品和服务。

第三条 坚持中国共产党对商用密码工作的领导，贯彻落实总体国家安全观。国家密码管理部门负责管理全国的商用密码工作。县级以上地方各级密码管理部门负责管理本行政区域的商用密码工作。

网信、商务、海关、市场监督管理等有关部门在各自职责范围内负责商用密码有关管理工作。

第四条 国家加强商用密码人才培养，建立健全商用密码人才发展体制机制和人才评价制度，鼓励和支持密码相关学科和专业建设，规范商用密码社会化培训，促进商用密码人才交流。

第五条 各级人民政府及其有关部门应当采取多种形式加强商用密码宣传教育，增强公民、法人和其他组织的密码安全意识。

第六条 商用密码领域的学会、行业协会等社会组织依照法律、行政法规及其章程的规定，开展学术交流、政策研究、公共服务等活动，加强学术和行业自律，推动诚信建设，促进行业健康发展。

密码管理部门应当加强对商用密码领域社会组织的指导和支持。

第二章 科技创新与标准化

第七条 国家建立健全商用密码科学技术创新促进机制，支持商用密码科学技术自主创新，对作出突出贡献的组织和个人按照国家有关规定予以表彰和奖励。

国家依法保护商用密码领域的知识产权。从事商用密码活动，应当增强知识产权意识，提高运用、保护和管理知识产权的能力。

国家鼓励在外商投资过程中基于自愿原则和商业规则开展商用密码技术合作。行政机关及其工作人员不得利用行政手段强制转让商用密码技术。

第八条 国家鼓励和支持商用密码科学技术成果转化和产业化应用，建立和完善商用密码科学技术成果信息汇交、发布和应用情况反馈机制。

第九条 国家密码管理部门组织对法律、行政法规和国家有关规定要求使用商用密码进行保护的网络与信息系统所使用的密码算法、密码协议、密钥管理机制等商用密码技术进行审查鉴定。

　　第十条　国务院标准化行政主管部门和国家密码管理部门依据各自职责，组织制定商用密码国家标准、行业标准，对商用密码团体标准的制定进行规范、引导和监督。国家密码管理部门依据职责，建立商用密码标准实施信息反馈和评估机制，对商用密码标准实施进行监督检查。

　　国家推动参与商用密码国际标准化活动，参与制定商用密码国际标准，推进商用密码中国标准与国外标准之间的转化运用，鼓励企业、社会团体和教育、科研机构等参与商用密码国际标准化活动。

　　其他领域的标准涉及商用密码的，应当与商用密码国家标准、行业标准保持协调。

　　第十一条　从事商用密码活动，应当符合有关法律、行政法规、商用密码强制性国家标准，以及自我声明公开标准的技术要求。

　　国家鼓励在商用密码活动中采用商用密码推荐性国家标准、行业标准，提升商用密码的防护能力，维护用户的合法权益。

第三章　检 测 认 证

　　第十二条　国家推进商用密码检测认证体系建设，鼓励在商用密码活动中自愿接受商用密码检测认证。

　　第十三条　从事商用密码产品检测、网络与信息系统商用密码应用安全性评估等商用密码检测活动，向社会出具具有证明作用的数据、结果的机构，应当经国家密码管理部门认定，依法取得商用密码检测机构资质。

　　第十四条　取得商用密码检测机构资质，应当符合下列条件：

　　（一）具有法人资格；

　　（二）具有与从事商用密码检测活动相适应的资金、场所、设备设施、专业人员和专业能力；

　　（三）具有保证商用密码检测活动有效运行的管理体系。

　　第十五条　申请商用密码检测机构资质，应当向国家密码管理部门提出书面申请，并提交符合本条例第十四条规定条件的材料。

　　国家密码管理部门应当自受理申请之日起 20 个工作日内，对申请进行审查，并依法作出是否准予认定的决定。

　　需要对申请人进行技术评审的，技术评审所需时间不计算在本条规定的期限内。国家密码管理部门应当将所需时间书面告知申请人。

　　第十六条　商用密码检测机构应当按照法律、行政法规和商用密码检测技术规范、规则，在批准范围内独立、公正、科学、诚信地开展商用密码检测，对出具的检测数据、结果负责，并定期向国家密码管理部门报送检测实施情况。

　　商用密码检测技术规范、规则由国家密码管理部门制定并公布。

第十七条　国务院市场监督管理部门会同国家密码管理部门建立国家统一推行的商用密码认证制度，实行商用密码产品、服务、管理体系认证，制定并公布认证目录和技术规范、规则。

第十八条　从事商用密码认证活动的机构，应当依法取得商用密码认证机构资质。

申请商用密码认证机构资质，应当向国务院市场监督管理部门提出书面申请。申请人除应当符合法律、行政法规和国家有关规定要求的认证机构基本条件外，还应当具有与从事商用密码认证活动相适应的检测、检查等技术能力。

国务院市场监督管理部门在审查商用密码认证机构资质申请时，应当征求国家密码管理部门的意见。

第十九条　商用密码认证机构应当按照法律、行政法规和商用密码认证技术规范、规则，在批准范围内独立、公正、科学、诚信地开展商用密码认证，对出具的认证结论负责。

商用密码认证机构应当对其认证的商用密码产品、服务、管理体系实施有效的跟踪调查，以保证通过认证的商用密码产品、服务、管理体系持续符合认证要求

第二十条　涉及国家安全、国计民生、社会公共利益的商用密码产品，应当依法列入网络关键设备和网络安全专用产品目录，由具备资格的商用密码检测、认证机构检测认证合格后，方可销售或者提供。

第二十一条　商用密码服务使用网络关键设备和网络安全专用产品的，应当经商用密码认证机构对该商用密码服务认证合格。

第四章　电 子 认 证

第二十二条　采用商用密码技术提供电子认证服务，应当具有与使用密码相适应的场所、设备设施、专业人员、专业能力和管理体系，依法取得国家密码管理部门同意使用密码的证明文件。

第二十三条　电子认证服务机构应当按照法律、行政法规和电子认证服务密码使用技术规范、规则，使用密码提供电子认证服务，保证其电子认证服务密码使用持续符合要求。电子认证服务密码使用技术规范、规则由国家密码管理部门制定并公布。

第二十四条　采用商用密码技术从事电子政务电子认证服务的机构，应当经国家密码管理部门认定，依法取得电子政务电子认证服务机构资质。

第二十五条　取得电子政务电子认证服务机构资质，应当符合下列条件：

（一）具有企业法人或者事业单位法人资格；

（二）具有与从事电子政务电子认证服务活动及其使用密码相适应的资金、场所、设备设施和专业人员；

（三）具有为政务活动提供长期电子政务电子认证服务的能力；

（四）具有保证电子政务电子认证服务活动及其使用密码安全运行的管理体系。

第二十六条　申请电子政务电子认证服务机构资质，应当向国家密码管理部门提出书

面申请，并提交符合本条例第二十五条规定条件的材料。

国家密码管理部门应当自受理申请之日起 20 个工作日内，对申请进行审查，并依法作出是否准予认定的决定。

需要对申请人进行技术评审的，技术评审所需时间不计算在本条规定的期限内。国家密码管理部门应当将所需时间书面告知申请人。

第二十七条　外商投资电子政务电子认证服务，影响或者可能影响国家安全的，应当依法进行外商投资安全审查。

第二十八条　电子政务电子认证服务机构应当按照法律、行政法规和电子政务电子认证服务技术规范、规则，在批准范围内提供电子政务电子认证服务，并定期向主要办事机构所在地省、自治区、直辖市密码管理部门报送服务实施情况。

电子政务电子认证服务技术规范、规则由国家密码管理部门制定并公布。

第二十九条　国家建立统一的电子认证信任机制。国家密码管理部门负责电子认证信任源的规划和管理，会同有关部门推动电子认证服务互信互认。

第三十条　密码管理部门会同有关部门负责政务活动中使用电子签名、数据电文的管理。

政务活动中电子签名、电子印章、电子证照等涉及的电子认证服务，应当由依法设立的电子政务电子认证服务机构提供。

第五章　进　出　口

第三十一条　涉及国家安全、社会公共利益且具有加密保护功能的商用密码，列入商用密码进口许可清单，实施进口许可。涉及国家安全、社会公共利益或者中国承担国际义务的商用密码，列入商用密码出口管制清单，实施出口管制。

商用密码进口许可清单和商用密码出口管制清单由国务院商务主管部门会同国家密码管理部门和海关总署制定并公布。

大众消费类产品所采用的商用密码不实行进口许可和出口管制制度。

第三十二条　进口商用密码进口许可清单中的商用密码或者出口商用密码出口管制清单中的商用密码，应当向国务院商务主管部门申请领取进出口许可证。

商用密码的过境、转运、通运、再出口，在境外与综合保税区等海关特殊监管区域之间进出，或者在境外与出口监管仓库、保税物流中心等保税监管场所之间进出的，适用前款规定。

第三十三条　进口商用密码进口许可清单中的商用密码或者出口商用密码出口管制清单中的商用密码时，应当向海关交验进出口许可证，并按照国家有关规定办理报关手续。

进出口经营者未向海关交验进出口许可证，海关有证据表明进出口产品可能属于商用密码进口许可清单或者出口管制清单范围的，应当向进出口经营者提出质疑；海关可以向国务院商务主管部门提出组织鉴别，并根据国务院商务主管部门会同国家密码管理部门作出的鉴别结论依法处置。在鉴别或者质疑期间，海关对进出口产品不予放行。

第三十四条　申请商用密码进出口许可，应当向国务院商务主管部门提出书面申请，并提交下列材料：

（一）申请人的法定代表人、主要经营管理人以及经办人的身份证明；

（二）合同或者协议的副本；

（三）商用密码的技术说明；

（四）最终用户和最终用途证明；

（五）国务院商务主管部门规定提交的其他文件。

国务院商务主管部门应当自受理申请之日起 45 个工作日内，会同国家密码管理部门对申请进行审查，并依法作出是否准予许可的决定。

对国家安全、社会公共利益或者外交政策有重大影响的商用密码出口，由国务院商务主管部门会同国家密码管理部门等有关部门报国务院批准。报国务院批准的，不受前款规定时限的限制。

第六章　应　用　促　进

第三十五条　国家鼓励公民、法人和其他组织依法使用商用密码保护网络与信息安全，鼓励使用经检测认证合格的商用密码。

任何组织或者个人不得窃取他人加密保护的信息或者非法侵入他人的商用密码保障系统，不得利用商用密码从事危害国家安全、社会公共利益、他人合法权益等违法犯罪活动。

第三十六条　国家支持网络产品和服务使用商用密码提升安全性，支持并规范商用密码在信息领域新技术、新业态、新模式中的应用。

第三十七条　国家建立商用密码应用促进协调机制，加强对商用密码应用的统筹指导。国家机关和涉及商用密码工作的单位在其职责范围内负责本机关、本单位或者本系统的商用密码应用和安全保障工作。

密码管理部门会同有关部门加强商用密码应用信息收集、风险评估、信息通报和重大事项会商，并加强与网络安全监测预警和信息通报的衔接。

第三十八条　法律、行政法规和国家有关规定要求使用商用密码进行保护的关键信息基础设施，其运营者应当使用商用密码进行保护，制定商用密码应用方案，配备必要的资金和专业人员，同步规划、同步建设、同步运行商用密码保障系统，自行或者委托商用密码检测机构开展商用密码应用安全性评估。

前款所列关键信息基础设施通过商用密码应用安全性评估方可投入运行，运行后每年至少进行一次评估，评估情况按照国家有关规定报送国家密码管理部门或者关键信息基础设施所在地省、自治区、直辖市密码管理部门备案。

第三十九条　法律、行政法规和国家有关规定要求使用商用密码进行保护的关键信息基础设施，使用的商用密码产品、服务应当经检测认证合格，使用的密码算法、密码协议、密钥管理机制等商用密码技术应当通过国家密码管理部门审查鉴定。

第四十条　关键信息基础设施的运营者采购涉及商用密码的网络产品和服务，可能影响国家安全的，应当依法通过国家网信部门会同国家密码管理部门等有关部门组织的国家安全审查。

第四十一条　网络运营者应当按照国家网络安全等级保护制度要求，使用商用密码保护网络安全。国家密码管理部门根据网络的安全保护等级，确定商用密码的使用、管理和应用安全性评估要求，制定网络安全等级保护密码标准规范。

第四十二条　商用密码应用安全性评估、关键信息基础设施安全检测评估、网络安全等级测评应当加强衔接，避免重复评估、测评。

第七章　监　督　管　理

第四十三条　密码管理部门依法组织对商用密码活动进行监督检查，对国家机关和涉及商用密码工作的单位的商用密码相关工作进行指导和监督。

第四十四条　密码管理部门和有关部门建立商用密码监督管理协作机制，加强商用密码监督、检查、指导等工作的协调配合。

第四十五条　密码管理部门和有关部门依法开展商用密码监督检查，可以行使下列职权：

（一）进入商用密码活动场所实施现场检查；

（二）向当事人的法定代表人、主要负责人和其他有关人员调查、了解有关情况；

（三）查阅、复制有关合同、票据、账簿以及其他有关资料。

第四十六条　密码管理部门和有关部门推进商用密码监督管理与社会信用体系相衔接，依法建立推行商用密码经营主体信用记录、信用分级分类监管、失信惩戒以及信用修复等机制。

第四十七条　商用密码检测、认证机构和电子政务电子认证服务机构及其工作人员，应当对其在商用密码活动中所知悉的国家秘密和商业秘密承担保密义务。

密码管理部门和有关部门及其工作人员不得要求商用密码科研、生产、销售、服务、进出口等单位和商用密码检测、认证机构向其披露源代码等密码相关专有信息，并对其在履行职责中知悉的商业秘密和个人隐私严格保密，不得泄露或者非法向他人提供。

第四十八条　密码管理部门和有关部门依法开展商用密码监督管理，相关单位和人员应当予以配合，任何单位和个人不得非法干预和阻挠。

第四十九条　任何单位或者个人有权向密码管理部门和有关部门举报违反本条例的行为。密码管理部门和有关部门接到举报，应当及时核实、处理，并为举报人保密。

第八章　法　律　责　任

第五十条　违反本条例规定，未经认定向社会开展商用密码检测活动，或者未经认定从事电子政务电子认证服务的，由密码管理部门责令改正或者停止违法行为，给予警告，没收违法产品和违法所得；违法所得 30 万元以上的，可以并处违法所得 1 倍以上 3 倍以下罚款；没有违法所得或者违法所得不足 30 万元的，可以并处 10 万元以上 30 万元以下罚款。

违反本条例规定，未经批准从事商用密码认证活动的，由市场监督管理部门会同密码管理部门依照前款规定予以处罚。

第五十一条　商用密码检测机构开展商用密码检测，有下列情形之一的，由密码管理部门责令改正或者停止违法行为，给予警告，没收违法所得；违法所得 30 万元以上的，可以并处违法所得 1 倍以上 3 倍以下罚款；没有违法所得或者违法所得不足 30 万元的，可以并处 10 万元以上 30 万元以下罚款；情节严重的，依法吊销商用密码检测机构资质：

（一）超出批准范围；

（二）存在影响检测独立、公正、诚信的行为；

（三）出具的检测数据、结果虚假或者失实；

（四）拒不报送或者不如实报送实施情况；

（五）未履行保密义务；

（六）其他违反法律、行政法规和商用密码检测技术规范、规则开展商用密码检测的情形。

第五十二条　商用密码认证机构开展商用密码认证，有下列情形之一的，由市场监督管理部门会同密码管理部门责令改正或者停止违法行为，给予警告，没收违法所得；违法所得 30 万元以上的，可以并处违法所得 1 倍以上 3 倍以下罚款；没有违法所得或者违法所得不足 30 万元的，可以并处 10 万元以上 30 万元以下罚款；情节严重的，依法吊销商用密码认证机构资质：

（一）超出批准范围；

（二）存在影响认证独立、公正、诚信的行为；

（三）出具的认证结论虚假或者失实；

（四）未对其认证的商用密码产品、服务、管理体系实施有效的跟踪调查；

（五）未履行保密义务；

（六）其他违反法律、行政法规和商用密码认证技术规范、规则开展商用密码认证的情形。

第五十三条　违反本条例第二十条、第二十一条规定，销售或者提供未经检测认证或者检测认证不合格的商用密码产品，或者提供未经认证或者认证不合格的商用密码服务的，由市场监督管理部门会同密码管理部门责令改正或者停止违法行为，给予警告，没收违法产品和违法所得；违法所得 10 万元以上的，可以并处违法所得 1 倍以上 3 倍以下罚款；没有违法所得或者违法所得不足 10 万元的，可以并处 3 万元以上 10 万元以下罚款。

第五十四条　电子认证服务机构违反法律、行政法规和电子认证服务密码使用技术规范、规则使用密码的，由密码管理部门责令改正或者停止违法行为，给予警告，没收违法所得；违法所得 30 万元以上的，可以并处违法所得 1 倍以上 3 倍以下罚款；没有违法所得或者违法所得不足 30 万元的，可以并处 10 万元以上 30 万元以下罚款；情节严重的，依法吊销电子认证服务使用密码的证明文件。

第五十五条　电子政务电子认证服务机构开展电子政务电子认证服务，有下列情形之一的，由密码管理部门责令改正或者停止违法行为，给予警告，没收违法所得；违法所得 30 万元以上的，可以并处违法所得 1 倍以上 3 倍以下罚款；没有违法所得或者违法所得不足 30 万元的，可以并处 10 万元以上 30 万元以下罚款；情节严重的，责令停业整顿，直至吊销电子政务电子认证服务机构资质：

（一）超出批准范围；

（二）拒不报送或者不如实报送实施情况；

（三）未履行保密义务；

（四）其他违反法律、行政法规和电子政务电子认证服务技术规范、规则提供电子政务电子认证服务的情形。

第五十六条　电子签名人或者电子签名依赖方因依据电子政务电子认证服务机构提供的电子签名认证服务在政务活动中遭受损失，电子政务电子认证服务机构不能证明自己无过错的，承担赔偿责任。

第五十七条　政务活动中电子签名、电子印章、电子证照等涉及的电子认证服务，违反本条例第三十条规定，未由依法设立的电子政务电子认证服务机构提供的，由密码管理部门责令改正，给予警告；拒不改正或者有其他严重情节的，由密码管理部门建议有关国家机关、单位对直接负责的主管人员和其他直接责任人员依法给予处分或者处理。有关国家机关、单位应当将处分或者处理情况书面告知密码管理部门。

第五十八条　违反本条例规定进出口商用密码的，由国务院商务主管部门或者海关依法予以处罚。

第五十九条　窃取他人加密保护的信息，非法侵入他人的商用密码保障系统，或者利用商用密码从事危害国家安全、社会公共利益、他人合法权益等违法活动的，由有关部门依照《中华人民共和国网络安全法》和其他有关法律、行政法规的规定追究法律责任。

第六十条　关键信息基础设施的运营者违反本条例第三十八条、第三十九条规定，未按照要求使用商用密码，或者未按照要求开展商用密码应用安全性评估的，由密码管理部门责令改正，给予警告；拒不改正或者有其他严重情节的，处 10 万元以上 100 万元以下罚款，对直接负责的主管人员处 1 万元以上 10 万元以下罚款。

第六十一条　关键信息基础设施的运营者违反本条例第四十条规定，使用未经安全审查或者安全审查未通过的涉及商用密码的网络产品或者服务的，由有关主管部门责令停止使用，处采购金额 1 倍以上 10 倍以下罚款；对直接负责的主管人员和其他直接责任人员处 1 万元以上 10 万元以下罚款。

第六十二条　网络运营者违反本条例第四十一条规定，未按照国家网络安全等级保护制度要求使用商用密码保护网络安全的，由密码管理部门责令改正，给予警告；拒不改正或者导致危害网络安全等后果的，处 1 万元以上 10 万元以下罚款，对直接负责的主管人员处 5000 元以上 5 万元以下罚款。

第六十三条　无正当理由拒不接受、不配合或者干预、阻挠密码管理部门、有关部门的商用密码监督管理的，由密码管理部门、有关部门责令改正，给予警告；拒不改正或者有其他严重情节的，处 5 万元以上 50 万元以下罚款，对直接负责的主管人员和其他直接责任人员处 1 万元以上 10 万元以下罚款；情节特别严重的，责令停业整顿，直至吊销商用密码许可证件。

第六十四条　国家机关有本条例第六十条、第六十一条、第六十二条、第六十三条所列违法情形的，由密码管理部门、有关部门责令改正，给予警告；拒不改正或者有其他严重情节的，由密码管理部门、有关部门建议有关国家机关对直接负责的主管人员和其他直接责任人员依法给予处分或者处理。有关国家机关应当将处分或者处理情况书面告知密码管理部门、有关部门。

第六十五条　密码管理部门和有关部门的工作人员在商用密码工作中滥用职权、玩忽职守、徇私舞弊，或者泄露、非法向他人提供在履行职责中知悉的商业秘密、个人隐私、举报人信息的，依法给予处分。

第六十六条　违反本条例规定，构成犯罪的，依法追究刑事责任；给他人造成损害的，依法承担民事责任。

第九章　附　　则

第六十七条　本条例自 2023 年 7 月 1 日起施行。

🍀 6.4　中华人民共和国电信条例

《中华人民共和国电信条例》于 2000 年 9 月 25 日中华人民共和国国务院令第 291 号公布，根据 2014 年 7 月 29 日《国务院关于修改部分行政法规的决定》（国务院令第 653 号）第一次修订，根据 2016 年 2 月 6 日《国务院关于修改部分行政法规的决定》（国务院令第 666 号）第二次修订。

第一章　总　　则

第一条　为了规范电信市场秩序，维护电信用户和电信业务经营者的合法权益，保障电信网络和信息的安全，促进电信业的健康发展，制定本条例。

第二条　在中华人民共和国境内从事电信活动或者与电信有关的活动，必须遵守本条例。

本条例所称电信，是指利用有线、无线的电磁系统或者光电系统，传送、发射或者接收语音、文字、数据、图像以及其他任何形式信息的活动。

第三条　国务院信息产业主管部门依照本条例的规定对全国电信业实施监督管理。

省、自治区、直辖市电信管理机构在国务院信息产业主管部门的领导下，依照本条例的规定对本行政区域内的电信业实施监督管理。

第四条　电信监督管理遵循政企分开、破除垄断、鼓励竞争、促进发展和公开、公平、公正的原则。

电信业务经营者应当依法经营，遵守商业道德，接受依法实施的监督检查。

第五条　电信业务经营者应当为电信用户提供迅速、准确、安全、方便和价格合理的电信服务。

第六条　电信网络和信息的安全受法律保护。任何组织或者个人不得利用电信网络从事危害国家安全、社会公共利益或者他人合法权益的活动。

第二章　电　信　市　场

第一节　电信业务许可

第七条　国家对电信业务经营按照电信业务分类，实行许可制度。

经营电信业务，必须依照本条例的规定取得国务院信息产业主管部门或者省、自治区、直辖市电信管理机构颁发的电信业务经营许可证。

未取得电信业务经营许可证，任何组织或者个人不得从事电信业务经营活动。

第八条　电信业务分为基础电信业务和增值电信业务。

基础电信业务，是指提供公共网络基础设施、公共数据传送和基本话音通信服务的业务。增值电信业务，是指利用公共网络基础设施提供的电信与信息服务的业务。

电信业务分类的具体划分在本条例所附的《电信业务分类目录》中列出。国务院信息产业主管部门根据实际情况，可以对目录所列电信业务分类项目作局部调整，重新公布。

第九条　经营基础电信业务，须经国务院信息产业主管部门审查批准，取得《基础电信业务经营许可证》。

经营增值电信业务，业务覆盖范围在两个以上省、自治区、直辖市的，须经国务院信息产业主管部门审查批准，取得《跨地区增值电信业务经营许可证》；业务覆盖范围在一个省、自治区、直辖市行政区域内的，须经省、自治区、直辖市电信管理机构审查批准，取得《增值电信业务经营许可证》。

运用新技术试办《电信业务分类目录》未列出的新型电信业务的，应当向省、自治区、直辖市电信管理机构备案。

第十条　经营基础电信业务，应当具备下列条件：

（一）经营者为依法设立的专门从事基础电信业务的公司，且公司中国有股权或者股份不少于 51%；

（二）有可行性研究报告和组网技术方案；

（三）有与从事经营活动相适应的资金和专业人员；

（四）有从事经营活动的场地及相应的资源；

（五）有为用户提供长期服务的信誉或者能力；

（六）国家规定的其他条件。

第十一条　申请经营基础电信业务，应当向国务院信息产业主管部门提出申请，并提交本条例第十条规定的相关文件。国务院信息产业主管部门应当自受理申请之日起 180 日内审查完毕，作出批准或者不予批准的决定。予以批准的，颁发《基础电信业务经营许可证》；不予批准的，应当书面通知申请人并说明理由。

第十二条　国务院信息产业主管部门审查经营基础电信业务的申请时，应当考虑国家安全、电信网络安全、电信资源可持续利用、环境保护和电信市场的竞争状况等因素。

颁发《基础电信业务经营许可证》，应当按照国家有关规定采用招标方式。

第十三条　经营增值电信业务，应当具备下列条件：

（一）经营者为依法设立的公司；

（二）有与开展经营活动相适应的资金和专业人员；

（三）有为用户提供长期服务的信誉或者能力；

（四）国家规定的其他条件。

第十四条　申请经营增值电信业务，应当根据本条例第九条第二款的规定，向国务院信息产业主管部门或者省、自治区、直辖市电信管理机构提出申请，并提交本条例第十三条规定的相关文件。申请经营的增值电信业务，按照国家有关规定须经有关主管部门审批的，还应当提交有关主管部门审核同意的文件。国务院信息产业主管部门或者省、自治区、直辖市电信管理机构应当自收到申请之日起 60 日内审查完毕，作出批准或者不予批准的决定。予以批准的，颁发《跨地区增值电信业务经营许可证》或者《增值电信业务经营许可证》；不予批准的，应当书面通知申请人并说明理由。

第十五条　电信业务经营者在经营过程中，变更经营主体、业务范围或者停止经营的，应当提前 90 日向原颁发许可证的机关提出申请，并办理相应手续；停止经营的，还应当按照国家有关规定做好善后工作。

第十六条　经批准经营电信业务的，应当持依法取得的电信业务经营许可证，向企业登记机关办理登记手续。

专用电信网运营单位在所在地区经营电信业务的，应当依照本条例规定的条件和程序提出申请，经批准，取得电信业务经营许可证，并按照前款规定办理登记手续。

第二节　电信网间互联

第十七条　电信网之间应当按照技术可行、经济合理、公平公正、相互配合的原则，实现互联互通。

主导的电信业务经营者不得拒绝其他电信业务经营者和专用网运营单位提出的互联互通要求。

前款所称主导的电信业务经营者，是指控制必要的基础电信设施并且在电信业务市场中占有较大份额，能够对其他电信业务经营者进入电信业务市场构成实质性影响的经营者。

主导的电信业务经营者由国务院信息产业主管部门确定。

第十八条 主导的电信业务经营者应当按照非歧视和透明化的原则，制定包括网间互联的程序、时限、非捆绑网络元素目录等内容的互联规程。互联规程应当报国务院信息产业主管部门审查同意。该互联规程对主导的电信业务经营者的互联互通活动具有约束力。

第十九条 公用电信网之间、公用电信网与专用电信网之间的网间互联，由网间互联双方按照国务院信息产业主管部门的网间互联管理规定进行互联协商，并订立网间互联协议。

第二十条 网间互联双方经协商未能达成网间互联协议的，自一方提出互联要求之日起60日内，任何一方均可以按照网间互联覆盖范围向国务院信息产业主管部门或者省、自治区、直辖市电信管理机构申请协调；收到申请的机关应当依照本条例第十七条第一款规定的原则进行协调，促使网间互联双方达成协议；自网间互联一方或者双方申请协调之日起45日内经协调仍不能达成协议的，由协调机关随机邀请电信技术专家和其他有关方面专家进行公开论证并提出网间互联方案。协调机关应当根据专家论证结论和提出的网间互联方案作出决定，强制实现互联互通。

第二十一条 网间互联双方必须在协议约定或者决定规定的时限内实现互联互通。遵守网间互联协议和国务院信息产业主管部门的相关规定，保障网间通信畅通，任何一方不得擅自中断互联互通。网间互联遇有通信技术障碍的，双方应当立即采取有效措施予以消除。网间互联双方在互联互通中发生争议的，依照本条例第二十条规定的程序和办法处理。

网间互联的通信质量应当符合国家有关标准。主导的电信业务经营者向其他电信业务经营者提供网间互联，服务质量不得低于本网内的同类业务及向其子公司或者分支机构提供的同类业务质量。

第二十二条 网间互联的费用结算与分摊应当执行国家有关规定，不得在规定标准之外加收费用。

网间互联的技术标准、费用结算办法和具体管理规定，由国务院信息产业主管部门制定。

第三节 电信资费

第二十三条 电信资费实行市场调节价。电信业务经营者应当统筹考虑生产经营成本、电信市场供求状况等因素，合理确定电信业务资费标准。

第二十四条 国家依法加强对电信业务经营者资费行为的监管，建立健全监管规则，维护消费者合法权益。

第二十五条 电信业务经营者应当根据国务院信息产业主管部门和省、自治区、直辖市电信管理机构的要求，提供准确、完备的业务成本数据及其他有关资料。

第四节　电信资源

第二十六条　国家对电信资源统一规划、集中管理、合理分配，实行有偿使用制度。

前款所称电信资源，是指无线电频率、卫星轨道位置、电信网码号等用于实现电信功能且有限的资源。

第二十七条　电信业务经营者占有、使用电信资源，应当缴纳电信资源费。具体收费办法由国务院信息产业主管部门会同国务院财政部门、价格主管部门制定，报国务院批准后公布施行。

第二十八条　电信资源的分配，应当考虑电信资源规划、用途和预期服务能力。

分配电信资源，可以采取指配的方式，也可以采用拍卖的方式。

取得电信资源使用权的，应当在规定的时限内启用所分配的资源，并达到规定的最低使用规模。未经国务院信息产业主管部门或者省、自治区、直辖市电信管理机构批准，不得擅自使用、转让、出租电信资源或者改变电信资源的用途。

第二十九条　电信资源使用者依法取得电信网码号资源后，主导的电信业务经营者和其他有关单位有义务采取必要的技术措施，配合电信资源使用者实现其电信网码号资源的功能。

法律、行政法规对电信资源管理另有特别规定的，从其规定。

第三章　电信服务

第三十条　电信业务经营者应当按照国家规定的电信服务标准向电信用户提供服务。电信业务经营者提供服务的种类、范围、资费标准和时限，应当向社会公布，并报省、自治区、直辖市电信管理机构备案。

电信用户有权自主选择使用依法开办的各类电信业务。

第三十一条　电信用户申请安装、移装电信终端设备的，电信业务经营者应当在其公布的时限内保证装机开通；由于电信业务经营者的原因逾期未能装机开通的，应当每日按照收取的安装费、移装费或者其他费用数额 1% 的比例，向电信用户支付违约金。

第三十二条　电信用户申告电信服务障碍的，电信业务经营者应当自接到申告之日起，城镇 48 小时、农村 72 小时内修复或者调通；不能按期修复或者调通的，应当及时通知电信用户，并免收障碍期间的月租费用。但是，属于电信终端设备的原因造成电信服务障碍的除外。

第三十三条　电信业务经营者应当为电信用户交费和查询提供方便。电信用户要求提供国内长途通信、国际通信、移动通信和信息服务等收费清单的，电信业务经营者应当免费提供。

电信用户出现异常的巨额电信费用时，电信业务经营者一经发现，应当尽可能迅速告知电信用户，并采取相应的措施。

前款所称巨额电信费用，是指突然出现超过电信用户此前 3 个月平均电信费用 5 倍以上的费用。

第三十四条　电信用户应当按照约定的时间和方式及时、足额地向电信业务经营者交纳电信费用；电信用户逾期不交纳电信费用的，电信业务经营者有权要求补交电信费用，并可以按照所欠费用每日加收 3‰的违约金。

对超过收费约定期限 30 日仍不交纳电信费用的电信用户，电信业务经营者可以暂停向其提供电信服务。电信用户在电信业务经营者暂停服务 60 日内仍未补交电信费用和违约金的，电信业务经营者可以终止提供服务，并可以依法追缴欠费和违约金。

经营移动电信业务的经营者可以与电信用户约定交纳电信费用的期限、方式，不受前款规定期限的限制。

电信业务经营者应当在迟延交纳电信费用的电信用户补足电信费用、违约金后的 48 小时内，恢复暂停的电信服务。

第三十五条　电信业务经营者因工程施工、网络建设等原因，影响或者可能影响正常电信服务的，必须按照规定的时限及时告知用户，并向省、自治区、直辖市电信管理机构报告。

因前款原因中断电信服务的，电信业务经营者应当相应减免用户在电信服务中断期间的相关费用。

出现本条第一款规定的情形，电信业务经营者未及时告知用户的，应当赔偿由此给用户造成的损失。

第三十六条　经营本地电话业务和移动电话业务的电信业务经营者，应当免费向用户提供火警、匪警、医疗急救、交通事故报警等公益性电信服务并保障通信线路畅通。

第三十七条　电信业务经营者应当及时为需要通过中继线接入其电信网的集团用户，提供平等、合理的接入服务。

未经批准，电信业务经营者不得擅自中断接入服务。

第三十八条　电信业务经营者应当建立健全内部服务质量管理制度，并可以制定并公布施行高于国家规定的电信服务标准的企业标准。

电信业务经营者应当采取各种形式广泛听取电信用户意见，接受社会监督，不断提高电信服务质量。

第三十九条　电信业务经营者提供的电信服务达不到国家规定的电信服务标准或者其公布的企业标准的，或者电信用户对交纳电信费用持有异议的，电信用户有权要求电信业务经营者予以解决；电信业务经营者拒不解决或者电信用户对解决结果不满意的，电信用户有权向国务院信息产业主管部门或者省、自治区、直辖市电信管理机构或者其他有关部门申诉。收到申诉的机关必须对申诉及时处理，并自收到申诉之日起 30 日内向申诉者作出答复。

电信用户对交纳本地电话费用有异议的，电信业务经营者还应当应电信用户的要求免费提供本地电话收费依据，并有义务采取必要措施协助电信用户查找原因。

第四十条　电信业务经营者在电信服务中，不得有下列行为：

（一）以任何方式限定电信用户使用其指定的业务；

（二）限定电信用户购买其指定的电信终端设备或者拒绝电信用户使用自备的已经取得入网许可的电信终端设备；

（三）无正当理由拒绝、拖延或者中止对电信用户的电信服务；

（四）对电信用户不履行公开作出的承诺或者作容易引起误解的虚假宣传；

（五）以不正当手段刁难电信用户或者对投诉的电信用户打击报复。

第四十一条　电信业务经营者在电信业务经营活动中，不得有下列行为：

（一）以任何方式限制电信用户选择其他电信业务经营者依法开办的电信服务；

（二）对其经营的不同业务进行不合理的交叉补贴；

（三）以排挤竞争对手为目的，低于成本提供电信业务或者服务，进行不正当竞争。

第四十二条　国务院信息产业主管部门或者省、自治区、直辖市电信管理机构应当依据职权对电信业务经营者的电信服务质量和经营活动进行监督检查，并向社会公布监督抽查结果。

第四十三条　电信业务经营者必须按照国家有关规定履行相应的电信普遍服务义务。

国务院信息产业主管部门可以采取指定的或者招标的方式确定电信业务经营者具体承担电信普遍服务的义务。

电信普遍服务成本补偿管理办法，由国务院信息产业主管部门会同国务院财政部门、价格主管部门制定，报国务院批准后公布施行。

第四章　电 信 建 设

第一节　电信设施建设

第四十四条　公用电信网、专用电信网、广播电视传输网的建设应当接受国务院信息产业主管部门的统筹规划和行业管理。

属于全国性信息网络工程或者国家规定限额以上建设项目的公用电信网、专用电信网、广播电视传输网建设，在按照国家基本建设项目审批程序报批前，应当征得国务院信息产业主管部门同意。

基础电信建设项目应当纳入地方各级人民政府城市建设总体规划和村镇、集镇建设总体规划。

第四十五条　城市建设和村镇、集镇建设应当配套设置电信设施。建筑物内的电信管线和配线设施以及建设项目用地范围内的电信管道，应当纳入建设项目的设计文件，并随建设项目同时施工与验收。所需经费应当纳入建设项目概算。

有关单位或者部门规划、建设道路、桥梁、隧道或者地下铁道等，应当事先通知省、自治区、直辖市电信管理机构和电信业务经营者，协商预留电信管线等事宜。

第四十六条　基础电信业务经营者可以在民用建筑物上附挂电信线路或者设置小型天线、移动通信基站等公用电信设施，但是应当事先通知建筑物产权人或者使用人，并按照省、自治区、直辖市人民政府规定的标准向该建筑物的产权人或者其他权利人支付使用费。

第四十七条　建设地下、水底等隐蔽电信设施和高空电信设施，应当按照国家有关规定设置标志。

基础电信业务经营者建设海底电信缆线，应当征得国务院信息产业主管部门同意，并征求有关部门意见后，依法办理有关手续。海底电信缆线由国务院有关部门在海图上标出。

第四十八条　任何单位或者个人不得擅自改动或者迁移他人的电信线路及其他电信设施；遇有特殊情况必须改动或者迁移的，应当征得该电信设施产权人同意，由提出改动或者迁移要求的单位或者个人承担改动或者迁移所需费用，并赔偿由此造成的经济损失。

第四十九条　从事施工、生产、种植树木等活动，不得危及电信线路或者其他电信设施的安全或者妨碍线路畅通；可能危及电信安全时，应当事先通知有关电信业务经营者，并由从事该活动的单位或者个人负责采取必要的安全防护措施。

违反前款规定，损害电信线路或者其他电信设施或者妨碍线路畅通的，应当恢复原状或者予以修复，并赔偿由此造成的经济损失。

第五十条　从事电信线路建设，应当与已建的电信线路保持必要的安全距离；难以避开或者必须穿越，或者需要使用已建电信管道的，应当与已建电信线路的产权人协商，并签订协议；经协商不能达成协议的，根据不同情况，由国务院信息产业主管部门或者省、自治区、直辖市电信管理机构协调解决。

第五十一条　任何组织或者个人不得阻止或者妨碍基础电信业务经营者依法从事电信设施建设和向电信用户提供公共电信服务；但是，国家规定禁止或者限制进入的区域除外。

第五十二条　执行特殊通信、应急通信和抢修、抢险任务的电信车辆，经公安交通管理机关批准，在保障交通安全畅通的前提下可以不受各种禁止机动车通行标志的限制。

第二节　电信设备进网

第五十三条　国家对电信终端设备、无线电通信设备和涉及网间互联的设备实行进网许可制度。

接入公用电信网的电信终端设备、无线电通信设备和涉及网间互联的设备，必须符合国家规定的标准并取得进网许可证。

实行进网许可制度的电信设备目录，由国务院信息产业主管部门会同国务院产品质量监督部门制定并公布施行。

第五十四条　办理电信设备进网许可证的，应当向国务院信息产业主管部门提出申请，并附送经国务院产品质量监督部门认可的电信设备检测机构出具的检测报告或者认证机构出具的产品质量认证证书。

国务院信息产业主管部门应当自收到电信设备进网许可申请之日起60日内，对申请及电信设备检测报告或者产品质量认证证书审查完毕。经审查合格的，颁发进网许可证；经审查不合格的，应当书面答复并说明理由。

第五十五条　电信设备生产企业必须保证获得进网许可的电信设备的质量稳定、可靠，不得降低产品质量和性能。

电信设备生产企业应当在其生产的获得进网许可的电信设备上粘贴进网许可标志。

国务院产品质量监督部门应当会同国务院信息产业主管部门对获得进网许可证的电信设备进行质量跟踪和监督抽查，公布抽查结果。

第五章　电信安全

第五十六条　任何组织或者个人不得利用电信网络制作、复制、发布、传播含有下列内容的信息：

（一）反对宪法所确定的基本原则的；

（二）危害国家安全，泄露国家秘密，颠覆国家政权，破坏国家统一的；

（三）损害国家荣誉和利益的；

（四）煽动民族仇恨、民族歧视，破坏民族团结的；

（五）破坏国家宗教政策，宣扬邪教和封建迷信的；

（六）散布谣言，扰乱社会秩序，破坏社会稳定的；

（七）散布淫秽、色情、赌博、暴力、凶杀、恐怖或者教唆犯罪的；

（八）侮辱或者诽谤他人，侵害他人合法权益的；

（九）含有法律、行政法规禁止的其他内容的。

第五十七条　任何组织或者个人不得有下列危害电信网络安全和信息安全的行为：

（一）对电信网的功能或者存储、处理、传输的数据和应用程序进行删除或者修改；

（二）利用电信网从事窃取或者破坏他人信息、损害他人合法权益的活动；

（三）故意制作、复制、传播计算机病毒或者以其他方式攻击他人电信网络等电信设施；

（四）危害电信网络安全和信息安全的其他行为。

第五十八条　任何组织或者个人不得有下列扰乱电信市场秩序的行为：

（一）采取租用电信国际专线、私设转接设备或者其他方法，擅自经营国际或者香港特别行政区、澳门特别行政区和台湾地区电信业务；

（二）盗接他人电信线路，复制他人电信码号，使用明知是盗接、复制的电信设施或者码号；

（三）伪造、变造电话卡及其他各种电信服务有价凭证；

（四）以虚假、冒用的身份证件办理入网手续并使用移动电话。

第五十九条　电信业务经营者应当按照国家有关电信安全的规定，建立健全内部安全保障制度，实行安全保障责任制。

第六十条　电信业务经营者在电信网络的设计、建设和运行中，应当做到与国家安全和电信网络安全的需求同步规划，同步建设，同步运行。

第六十一条　在公共信息服务中，电信业务经营者发现电信网络中传输的信息明显属于本条例第五十六条所列内容的，应当立即停止传输，保存有关记录，并向国家有关机关报告。

第六十二条　使用电信网络传输信息的内容及其后果由电信用户负责。

电信用户使用电信网络传输的信息属于国家秘密信息的，必须依照保守国家秘密法的规定采取保密措施。

第六十三条　在发生重大自然灾害等紧急情况下，经国务院批准，国务院信息产业主管部门可以调用各种电信设施，确保重要通信畅通。

第六十四条　在中华人民共和国境内从事国际通信业务，必须通过国务院信息产业主管部门批准设立的国际通信出入口局进行。

我国内地与香港特别行政区、澳门特别行政区和台湾地区之间的通信，参照前款规定办理。

第六十五条　电信用户依法使用电信的自由和通信秘密受法律保护。除因国家安全或者追查刑事犯罪的需要，由公安机关、国家安全机关或者人民检察院依照法律规定的程序对电信内容进行检查外，任何组织或者个人不得以任何理由对电信内容进行检查。

电信业务经营者及其工作人员不得擅自向他人提供电信用户使用电信网络所传输信息的内容。

第六章　罚　　则

第六十六条　违反本条例第五十六条、第五十七条的规定，构成犯罪的，依法追究刑事责任；尚不构成犯罪的，由公安机关、国家安全机关依照有关法律、行政法规的规定予以处罚。

第六十七条　有本条例第五十八条第（二）、（三）、（四）项所列行为之一，扰乱电信市场秩序，构成犯罪的，依法追究刑事责任；尚不构成犯罪的，由国务院信息产业主管部门或者省、自治区、直辖市电信管理机构依据职权责令改正，没收违法所得，处违法所得3倍以上5倍以下罚款；没有违法所得或者违法所得不足1万元的，处1万元以上10万元以下罚款。

第六十八条　违反本条例的规定，伪造、冒用、转让电信业务经营许可证、电信设备进网许可证或者编造在电信设备上标注的进网许可证编号的，由国务院信息产业主管部门或者省、自治区、直辖市电信管理机构依据职权没收违法所得，处违法所得3倍以上5倍以下罚款；没有违法所得或者违法所得不足1万元的，处1万元以上10万元以下罚款。

第六十九条　违反本条例规定，有下列行为之一的，由国务院信息产业主管部门或者省、自治区、直辖市电信管理机构依据职权责令改正，没收违法所得，处违法所得3倍以上5倍以下罚款；没有违法所得或者违法所得不足5万元的，处10万元以上100万元以下罚款；情节严重的，责令停业整顿：

（一）违反本条例第七条第三款的规定或者有本条例第五十八条第（一）项所列行为，擅自经营电信业务的，或者超范围经营电信业务的；

（二）未通过国务院信息产业主管部门批准，设立国际通信出入口进行国际通信的；

（三）擅自使用、转让、出租电信资源或者改变电信资源用途的；

（四）擅自中断网间互联互通或者接入服务的；

（五）拒不履行普遍服务义务的。

第七十条　违反本条例的规定，有下列行为之一的，由国务院信息产业主管部门或者省、自治区、直辖市电信管理机构依据职权责令改正，没收违法所得，处违法所得 1 倍以上 3 倍以下罚款；没有违法所得或者违法所得不足 1 万元的，处 1 万元以上 10 万元以下罚款；情节严重的，责令停业整顿：

（一）在电信网间互联中违反规定加收费用的；

（二）遇有网间通信技术障碍，不采取有效措施予以消除的；

（三）擅自向他人提供电信用户使用电信网络所传输信息的内容的；

（四）拒不按照规定缴纳电信资源使用费的。

第七十一条　违反本条例第四十一条的规定，在电信业务经营活动中进行不正当竞争的，由国务院信息产业主管部门或者省、自治区、直辖市电信管理机构依据职权责令改正，处 10 万元以上 100 万元以下罚款；情节严重的，责令停业整顿。

第七十二条　违反本条例的规定，有下列行为之一的，由国务院信息产业主管部门或者省、自治区、直辖市电信管理机构依据职权责令改正，处 5 万元以上 50 万元以下罚款；情节严重的，责令停业整顿：

（一）拒绝其他电信业务经营者提出的互联互通要求的；

（二）拒不执行国务院信息产业主管部门或者省、自治区、直辖市电信管理机构依法作出的互联互通决定的；

（三）向其他电信业务经营者提供网间互联的服务质量低于本网及其子公司或者分支机构的。

第七十三条　违反本条例第三十三条第一款、第三十九条第二款的规定，电信业务经营者拒绝免费为电信用户提供国内长途通信、国际通信、移动通信和信息服务等收费清单，或者电信用户对交纳本地电话费用有异议并提出要求时，拒绝为电信用户免费提供本地电话收费依据的，由省、自治区、直辖市电信管理机构责令改正，并向电信用户赔礼道歉；拒不改正并赔礼道歉的，处以警告，并处 5000 元以上 5 万元以下的罚款。

第七十四条　违反本条例第四十条的规定，由省、自治区、直辖市电信管理机构责令改正，并向电信用户赔礼道歉，赔偿电信用户损失；拒不改正并赔礼道歉、赔偿损失的，处以警告，并处 1 万元以上 10 万元以下的罚款；情节严重的，责令停业整顿。

第七十五条　违反本条例的规定，有下列行为之一的，由省、自治区、直辖市电信管理机构责令改正，处 1 万元以上 10 万元以下的罚款：

（一）销售未取得进网许可的电信终端设备的；

（二）非法阻止或者妨碍电信业务经营者向电信用户提供公共电信服务的；

（三）擅自改动或者迁移他人的电信线路及其他电信设施的。

第七十六条　违反本条例的规定，获得电信设备进网许可证后降低产品质量和性能的，由产品质量监督部门依照有关法律、行政法规的规定予以处罚。

第七十七条　有本条例第五十六条、第五十七条和第五十八条所列禁止行为之一，情节严重的，由原发证机关吊销电信业务经营许可证。

国务院信息产业主管部门或者省、自治区、直辖市电信管理机构吊销电信业务经营许可证后，应当通知企业登记机关。

第七十八条　国务院信息产业主管部门或者省、自治区、直辖市电信管理机构工作人员玩忽职守、滥用职权、徇私舞弊，构成犯罪的，依法追究刑事责任；尚不构成犯罪的，依法给予行政处分。

第七章　附　　则

第七十九条　外国的组织或者个人在中华人民共和国境内投资与经营电信业务和香港特别行政区、澳门特别行政区与台湾地区的组织或者个人在内地投资与经营电信业务的具体办法，由国务院另行制定。

第八十条　本条例自公布之日起施行。

附：电信业务分类目录（略）

6.5　关键信息基础设施安全保护条例

《关键信息基础设施安全保护条例》旨在建立专门保护制度，明确各方责任，提出保障促进措施，保障关键信息基础设施安全及维护网络安全。该条例常和《网络安全法》《数据安全法》《个人信息保护法》《反电信网络诈骗法》统称为我国网络安全的"四法一条例"。

《关键信息基础设施安全保护条例》于 2021 年 4 月 27 日，经国务院第 133 次常务会议通过（中华人民共和国国务院令第 745 号），自 2021 年 9 月 1 日起施行。

第一章　总　　则

第一条　为了保障关键信息基础设施安全，维护网络安全，根据《中华人民共和国网络安全法》，制定本条例。

第二条　本条例所称关键信息基础设施，是指公共通信和信息服务、能源、交通、水利、金融、公共服务、电子政务、国防科技工业等重要行业和领域的，以及其他一旦遭到破坏、丧失功能或者数据泄露，可能严重危害国家安全、国计民生、公共利益的重要网络设施、信息系统等。

第三条　在国家网信部门统筹协调下，国务院公安部门负责指导监督关键信息基础设施安全保护工作。国务院电信主管部门和其他有关部门依照本条例和有关法律、行政法规的规定，在各自职责范围内负责关键信息基础设施安全保护和监督管理工作。

省级人民政府有关部门依据各自职责对关键信息基础设施实施安全保护和监督管理。

第四条　关键信息基础设施安全保护坚持综合协调、分工负责、依法保护，强化和落实关键信息基础设施运营者（以下简称运营者）主体责任，充分发挥政府及社会各方面的作用，共同保护关键信息基础设施安全。

第五条　国家对关键信息基础设施实行重点保护，采取措施，监测、防御、处置来源于中华人民共和国境内外的网络安全风险和威胁，保护关键信息基础设施免受攻击、侵入、干扰和破坏，依法惩治危害关键信息基础设施安全的违法犯罪活动。

任何个人和组织不得实施非法侵入、干扰、破坏关键信息基础设施的活动，不得危害关键信息基础设施安全。

第六条　运营者依照本条例和有关法律、行政法规的规定以及国家标准的强制性要求，在网络安全等级保护的基础上，采取技术保护措施和其他必要措施，应对网络安全事件，防范网络攻击和违法犯罪活动，保障关键信息基础设施安全稳定运行，维护数据的完整性、保密性和可用性。

第七条　对在关键信息基础设施安全保护工作中取得显著成绩或者作出突出贡献的单位和个人，按照国家有关规定给予表彰。

第二章　关键信息基础设施认定

第八条　本条例第二条涉及的重要行业和领域的主管部门、监督管理部门是负责关键信息基础设施安全保护工作的部门（以下简称保护工作部门）。

第九条　保护工作部门结合本行业、本领域实际，制定关键信息基础设施认定规则，并报国务院公安部门备案。

制定认定规则应当主要考虑下列因素：

（一）网络设施、信息系统等对于本行业、本领域关键核心业务的重要程度；

（二）网络设施、信息系统等一旦遭到破坏、丧失功能或者数据泄露可能带来的危害程度；

（三）对其他行业和领域的关联性影响。

第十条　保护工作部门根据认定规则负责组织认定本行业、本领域的关键信息基础设施，及时将认定结果通知运营者，并通报国务院公安部门。

第十一条　关键信息基础设施发生较大变化，可能影响其认定结果的，运营者应当及时将相关情况报告保护工作部门。保护工作部门自收到报告之日起 3 个月内完成重新认定，将认定结果通知运营者，并通报国务院公安部门。

第三章　运营者责任义务

第十二条　安全保护措施应当与关键信息基础设施同步规划、同步建设、同步使用。

第十三条　运营者应当建立健全网络安全保护制度和责任制，保障人力、财力、物力投入。运营者的主要负责人对关键信息基础设施安全保护负总责，领导关键信息基础设施安全保护和重大网络安全事件处置工作，组织研究解决重大网络安全问题。

第十四条　运营者应当设置专门安全管理机构，并对专门安全管理机构负责人和关键岗位人员进行安全背景审查。审查时，公安机关、国家安全机关应当予以协助。

第十五条　专门安全管理机构具体负责本单位的关键信息基础设施安全保护工作，履行下列职责：

（一）建立健全网络安全管理、评价考核制度，拟订关键信息基础设施安全保护计划；

（二）组织推动网络安全防护能力建设，开展网络安全监测、检测和风险评估；

（三）按照国家及行业网络安全事件应急预案，制定本单位应急预案，定期开展应急演练，处置网络安全事件；

（四）认定网络安全关键岗位，组织开展网络安全工作考核，提出奖励和惩处建议；

（五）组织网络安全教育、培训；

（六）履行个人信息和数据安全保护责任，建立健全个人信息和数据安全保护制度；

（七）对关键信息基础设施设计、建设、运行、维护等服务实施安全管理；

（八）按照规定报告网络安全事件和重要事项。

第十六条　运营者应当保障专门安全管理机构的运行经费、配备相应的人员，开展与网络安全和信息化有关的决策应当有专门安全管理机构人员参与。

第十七条　运营者应当自行或者委托网络安全服务机构对关键信息基础设施每年至少进行一次网络安全检测和风险评估，对发现的安全问题及时整改，并按照保护工作部门要求报送情况。

第十八条　关键信息基础设施发生重大网络安全事件或者发现重大网络安全威胁时，运营者应当按照有关规定向保护工作部门、公安机关报告。

发生关键信息基础设施整体中断运行或者主要功能故障、国家基础信息以及其他重要数据泄露、较大规模个人信息泄露、造成较大经济损失、违法信息较大范围传播等特别重大网络安全事件或者发现特别重大网络安全威胁时，保护工作部门应当在收到报告后，及时向国家网信部门、国务院公安部门报告。

第十九条　运营者应当优先采购安全可信的网络产品和服务；采购网络产品和服务可能影响国家安全的，应当按照国家网络安全规定通过安全审查。

第二十条　运营者采购网络产品和服务，应当按照国家有关规定与网络产品和服务提供者签订安全保密协议，明确提供者的技术支持和安全保密义务与责任，并对义务与责任履行情况进行监督。

第二十一条　运营者发生合并、分立、解散等情况，应当及时报告保护工作部门，并按照保护工作部门的要求对关键信息基础设施进行处置，确保安全。

第四章　保障和促进

第二十二条　保护工作部门应当制定本行业、本领域关键信息基础设施安全规划，明确保护目标、基本要求、工作任务、具体措施。

第二十三条　国家网信部门统筹协调有关部门建立网络安全信息共享机制，及时汇总、研判、共享、发布网络安全威胁、漏洞、事件等信息，促进有关部门、保护工作部门、运营者以及网络安全服务机构等之间的网络安全信息共享。

第二十四条　保护工作部门应当建立健全本行业、本领域的关键信息基础设施网络安全监测预警制度，及时掌握本行业、本领域关键信息基础设施运行状况、安全态势，预警通报网络安全威胁和隐患，指导做好安全防范工作。

第二十五条　保护工作部门应当按照国家网络安全事件应急预案的要求，建立健全本行业、本领域的网络安全事件应急预案，定期组织应急演练；指导运营者做好网络安全事件应对处置，并根据需要组织提供技术支持与协助。

第二十六条　保护工作部门应当定期组织开展本行业、本领域关键信息基础设施网络安全检查检测，指导监督运营者及时整改安全隐患、完善安全措施。

第二十七条　国家网信部门统筹协调国务院公安部门、保护工作部门对关键信息基础设施进行网络安全检查检测，提出改进措施。

有关部门在开展关键信息基础设施网络安全检查时，应当加强协同配合、信息沟通，避免不必要的检查和交叉重复检查。检查工作不得收取费用，不得要求被检查单位购买指定品牌或者指定生产、销售单位的产品和服务。

第二十八条　运营者对保护工作部门开展的关键信息基础设施网络安全检查检测工作，以及公安、国家安全、保密行政管理、密码管理等有关部门依法开展的关键信息基础设施网络安全检查工作应当予以配合。

第二十九条　在关键信息基础设施安全保护工作中，国家网信部门和国务院电信主管部门、国务院公安部门等应当根据保护工作部门的需要，及时提供技术支持和协助。

第三十条　网信部门、公安机关、保护工作部门等有关部门，网络安全服务机构及其工作人员对于在关键信息基础设施安全保护工作中获取的信息，只能用于维护网络安全，并严格按照有关法律、行政法规的要求确保信息安全，不得泄露、出售或者非法向他人提供。

第三十一条　未经国家网信部门、国务院公安部门批准或者保护工作部门、运营者授权，任何个人和组织不得对关键信息基础设施实施漏洞探测、渗透性测试等可能影响或者危害关键信息基础设施安全的活动。对基础电信网络实施漏洞探测、渗透性测试等活动，应当事先向国务院电信主管部门报告。

第三十二条　国家采取措施，优先保障能源、电信等关键信息基础设施安全运行。

能源、电信行业应当采取措施，为其他行业和领域的关键信息基础设施安全运行提供重点保障。

第三十三条　公安机关、国家安全机关依据各自职责依法加强关键信息基础设施安全保卫，防范打击针对和利用关键信息基础设施实施的违法犯罪活动。

第三十四条　国家制定和完善关键信息基础设施安全标准，指导、规范关键信息基础设施安全保护工作。

第三十五条　国家采取措施，鼓励网络安全专门人才从事关键信息基础设施安全保护工作；将运营者安全管理人员、安全技术人员培训纳入国家继续教育体系。

第三十六条　国家支持关键信息基础设施安全防护技术创新和产业发展，组织力量实施关键信息基础设施安全技术攻关。

第三十七条　国家加强网络安全服务机构建设和管理，制定管理要求并加强监督指导，不断提升服务机构能力水平，充分发挥其在关键信息基础设施安全保护中的作用。

第三十八条　国家加强网络安全军民融合，军地协同保护关键信息基础设施安全。

第五章　法　律　责　任

第三十九条　运营者有下列情形之一的，由有关主管部门依据职责责令改正，给予警告；拒不改正或者导致危害网络安全等后果的，处 10 万元以上 100 万元以下罚款，对直接负责的主管人员处 1 万元以上 10 万元以下罚款：

（一）在关键信息基础设施发生较大变化，可能影响其认定结果时未及时将相关情况报告保护工作部门的；

（二）安全保护措施未与关键信息基础设施同步规划、同步建设、同步使用的；

（三）未建立健全网络安全保护制度和责任制的；

（四）未设置专门安全管理机构的；

（五）未对专门安全管理机构负责人和关键岗位人员进行安全背景审查的；

（六）开展与网络安全和信息化有关的决策没有专门安全管理机构人员参与的；

（七）专门安全管理机构未履行本条例第十五条规定的职责的；

（八）未对关键信息基础设施每年至少进行一次网络安全检测和风险评估，未对发现的安全问题及时整改，或者未按照保护工作部门要求报送情况的；

（九）采购网络产品和服务，未按照国家有关规定与网络产品和服务提供者签订安全保密协议的；

（十）发生合并、分立、解散等情况，未及时报告保护工作部门，或者未按照保护工作部门的要求对关键信息基础设施进行处置的。

第四十条　运营者在关键信息基础设施发生重大网络安全事件或者发现重大网络安全威胁时，未按照有关规定向保护工作部门、公安机关报告的，由保护工作部门、公安机关依据职责责令改正，给予警告；拒不改正或者导致危害网络安全等后果的，处 10 万元以上 100 万元以下罚款，对直接负责的主管人员处 1 万元以上 10 万元以下罚款。

第四十一条　运营者采购可能影响国家安全的网络产品和服务，未按照国家网络安全规定进行安全审查的，由国家网信部门等有关主管部门依据职责责令改正，处采购金额 1 倍以上 10 倍以下罚款，对直接负责的主管人员和其他直接责任人员处 1 万元以上 10 万元以下罚款。

第四十二条　运营者对保护工作部门开展的关键信息基础设施网络安全检查检测工作，以及公安、国家安全、保密行政管理、密码管理等有关部门依法开展的关键信息基础设施网络安全检查工作不予配合的，由有关主管部门责令改正；拒不改正的，处 5 万元以上 50 万元以下罚款，对直接负责的主管人员和其他直接责任人员处 1 万元以上 10 万元以下罚款；情节严重的，依法追究相应法律责任。

第四十三条　实施非法侵入、干扰、破坏关键信息基础设施，危害其安全的活动尚不构成犯罪的，依照《中华人民共和国网络安全法》有关规定，由公安机关没收违法所得，处 5 日以下拘留，可以并处 5 万元以上 50 万元以下罚款；情节较重的，处 5 日以上 15 日以下拘留，可以并处 10 万元以上 100 万元以下罚款。

单位有前款行为的，由公安机关没收违法所得，处 10 万元以上 100 万元以下罚款，并对直接负责的主管人员和其他直接责任人员依照前款规定处罚。

违反本条例第五条第二款和第三十一条规定，受到治安管理处罚的人员，5 年内不得从事网络安全管理和网络运营关键岗位的工作；受到刑事处罚的人员，终身不得从事网络安全管理和网络运营关键岗位的工作。

第四十四条　网信部门、公安机关、保护工作部门和其他有关部门及其工作人员未履行关键信息基础设施安全保护和监督管理职责或者玩忽职守、滥用职权、徇私舞弊的，依法对直接负责的主管人员和其他直接责任人员给予处分。

第四十五条　公安机关、保护工作部门和其他有关部门在开展关键信息基础设施网络安全检查工作中收取费用，或者要求被检查单位购买指定品牌或者指定生产、销售单位的产品和服务的，由其上级机关责令改正，退还收取的费用；情节严重的，依法对直接负责的主管人员和其他直接责任人员给予处分。

第四十六条　网信部门、公安机关、保护工作部门等有关部门、网络安全服务机构及其工作人员将在关键信息基础设施安全保护工作中获取的信息用于其他用途，或者泄露、出售、非法向他人提供的，依法对直接负责的主管人员和其他直接责任人员给予处分。

第四十七条　关键信息基础设施发生重大和特别重大网络安全事件，经调查确定为责任事故的，除应当查明运营者责任并依法予以追究外，还应查明相关网络安全服务机构及有关部门的责任，对有失职、渎职及其他违法行为的，依法追究责任。

第四十八条　电子政务关键信息基础设施的运营者不履行本条例规定的网络安全保护义务的，依照《中华人民共和国网络安全法》有关规定予以处理。

第四十九条 违反本条例规定，给他人造成损害的，依法承担民事责任。

违反本条例规定，构成违反治安管理行为的，依法给予治安管理处罚；构成犯罪的，依法追究刑事责任。

第六章 附 则

第五十条 存储、处理涉及国家秘密信息的关键信息基础设施的安全保护，还应当遵守保密法律、行政法规的规定。

关键信息基础设施中的密码使用和管理，还应当遵守相关法律、行政法规的规定。

第五十一条 本条例自 2021 年 9 月 1 日起施行。

思 考 题

1. 根据《中华人民共和国计算机信息系统安全保护条例》，计算机信息系统的安全保护内容有哪些？

2. 任何组织或者个人不得利用电信网络制作、复制、发布、传播含有哪些内容的信息？

第七章 互联网络安全管理相关法律法规

随着人们的生活和学习对互联网的日益依赖，对互联网络安全的管理也愈发重要，国家和各相关部门也先后出台了各种相关的法律法规。本章介绍和互联网安全管理相关的较为重要的法律法规。

7.1 中华人民共和国计算机信息网络国际联网管理暂行规定实施办法

《中华人民共和国计算机信息网络国际联网管理暂行规定实施办法》是根据《中华人民共和国计算机信息网络国际联网管理暂行规定》而制定的法规。该办法于 1998 年 2 月 13 日由国务院信息化工作领导小组颁布并施行。全文如下：

第一条 为了加强对计算机信息网络国际联网的管理，保障国际计算机信息交流的健康发展，根据《中华人民共和国计算机信息网络国际联网管理暂行规定》(以下简称《暂行规定》)，制定本办法。

第二条 中华人民共和国境内的计算机信息网络进行国际联网，依照本办法办理。

第三条 本办法下列用语的含义是：

(一) 国际联网，是指中华人民共和国境内的计算机互联网络、专业计算机信息网络、企业计算机信息网络，以及其他通过专线进行国际联网的计算机信息网络同外国的计算机信息网络相连接。

(二) 接入网络，是指通过接入互联网络进行国际联网的计算机信息网络；接入网络可以是多级联接的网络。

(三) 国际出入口信道，是指国际联网所使用的物理信道。

(四) 用户，是指通过接入网络进行国际联网的个人、法人和其他组织；个人用户是指具有联网账号的个人。

(五) 专业计算机信息网络，是指为行业服务的专用计算机信息网络。

(六) 企业计算机信息网络，是指企业内部自用的计算机信息网络。

第四条 国家对国际联网的建设布局、资源利用进行统筹规划。国际联网采用国家统一制定的技术标准、安全标准、资费政策，以利于提高服务质量和水平。国际联网实行分级管理，即对互联单位、接入单位、用户实行逐级管理，对国际出入口信道统一管理。国家鼓励在国际联网服务中公平、有序地竞争，提倡资源共享，促进健康发展。

第五条　国务院信息化工作领导小组办公室负责组织、协调有关部门制定国际联网的安全、经营、资费、服务等规定和标准的工作，并对执行情况进行检查监督。

第六条　中国互联网络信息中心提供互联网络地址、域名、网络资源目录管理和有关的信息服务。

第七条　我国境内的计算机信息网络直接进行国际联网，必须使用邮电部国家公用电信网提供的国际出入口信道。

任何单位和个人不得自行建立或者使用其他信道进行国际联网。

第八条　已经建立的中国公用计算机互联网、中国金桥信息网、中国教育和科研计算机网、中国科学技术网等四个互联网络，分别由邮电部、电子工业部、国家教育委员会和中国科学院管理。中国公用计算机互联网、中国金桥信息网为经营性互联网络；中国教育和科研计算机网、中国科学技术网为公益性互联网络。

经营性互联网络应当享受同等的资费政策和技术支撑条件。

公益性互联网络是指为社会提供公益服务的，不以盈利为目的的互联网络。

公益性互联网络所使用信道的资费应当享受优惠政策。

第九条　新建互联网络，必须经部（委）级行政主管部门批准后，向国务院信息化工作领导小组提交互联单位申请书和互联网络可行性报告，由国务院信息化工作领导小组审议提出意见并报国务院批准。

互联网络可行性报告的主要内容应当包括：网络服务性质和范围、网络技术方案、经济分析、管理办法和安全措施等。

第十条　接入网络必须通过互联网络进行国际联网，不得以其他方式进行国际联网。

接入单位必须具备《暂行规定》第九条规定的条件，并向互联单位主管部门或者主管单位提交接入单位申请书和接入网络可行性报告。互联单位主管部门或者主管单位应当在收到接入单位申请书后 20 个工作日内，将审批意见以书面形式通知申请单位。

接入网络可行性报告的主要内容应当包括：网络服务性质和范围、网络技术方案、经济分析、管理制度和安全措施等。

第十一条　对从事国际联网经营活动的接入单位（以下简称经营性接入单位）实行国际联网经营许可证（以下简称经营许可证）制度。经营许可证的格式由国务院信息化工作领导小组统一制定。

经营许可证由经营性互联单位主管部门颁发，报国务院信息化工作领导小组办公室备案。互联单位主管部门对经营性接入单位实行年检制度。

跨省（区）、市经营的接入单位应当向经营性互联单位主管部门申请领取国际联网经营许可证。在本省（区）、市内经营的接入单位应当向经营性互联单位主管部门或者经其授权的省级主管部门申请领取国际联网经营许可证。

　　经营性接入单位凭经营许可证到国家工商行政管理机关办理登记注册手续，向提供电信服务的企业办理所需通信线路手续。提供电信服务的企业应当在30个工作日内为接入单位提供通信线路和相关服务。

　　第十二条　个人、法人和其他组织用户使用的计算机或者计算机信息网络必须通过接入网络进行国际联网，不得以其他方式进行国际联网。

　　第十三条　用户向接入单位申请国际联网时，应当提供有效身份证明或者其他证明文件，并填写用户登记表。

　　接入单位应当在收到用户申请后5个工作日内，以书面形式答复用户。

　　第十四条　邮电部根据《暂行规定》和本办法制定国际联网出入口信道管理办法，报国务院信息化工作领导小组备案。

　　各互联单位主管部门或者主管单位根据《暂行规定》和本办法制定互联网络管理办法，报国务院信息化工作领导小组备案。

　　第十五条　接入单位申请书、用户登记表的格式由互联单位主管部门按照本办法的要求统一制定。

　　第十六条　国际出入口信道提供单位有责任向互联单位提供所需的国际出入口信道和公平、优质、安全的服务，并定期收取信道使用费。

　　互联单位开通或扩充国际出入口信道，应当到国际出入口信道提供单位办理有关信道开通或扩充手续，并报国务院信息化工作领导小组办公室备案。国际出入口信道提供单位在接到互联单位的申请后，应当在100个工作日内为互联单位开通所需的国际出入口信道。

　　国际出入口信道提供单位与互联单位应当签订相应的协议，严格履行各自的责任和义务。

　　第十七条　国际出入口信道提供单位、互联单位和接入单位必须建立网络管理中心，健全管理制度，做好网络信息安全管理工作。

　　互联单位应当与接入单位签订协议，加强对本网络和接入网络的管理；负责接入单位有关国际联网的技术培训和管理教育工作；为接入单位提供公平、优质、安全的服务；按照国家有关规定向接入单位收取联网接入费用。

　　接入单位应当服从互联单位和上级接入单位的管理；与下级接入单位签定协议，与用户签定用户守则，加强对下级接入单位和用户的管理；负责下级接入单位和用户的管理教育、技术咨询和培训工作；为下级接入单位和用户提供公平、优质、安全的服务；按照国家有关规定向下级接入单位和用户收取费用。

　　第十八条　用户应当服从接入单位的管理，遵守用户守则；不得擅自进入未经许可的计算机系统，篡改他人信息；不得在网络上散发恶意信息，冒用他人名义发出信息，侵犯他人隐私；不得制造、传播计算机病毒及从事其他侵犯网络和他人合法权益的活动。

　　用户有权获得接入单位提供的各项服务；有义务交纳费用。

　　第十九条　国际出入口信道提供单位、互联单位和接入单位应当保存与其服务相关的所有信息资料；在国务院信息化工作领导小组办公室和有关主管部门进行检查时，应当及时提供有关信息资料。

国际出入口信道提供单位、互联单位每年二月份向国务院信息化工作领导小组办公室提交上一年度有关网络运行、业务发展、组织管理的报告。

第二十条 互联单位、接入单位和用户应当遵守国家有关法律、行政法规，严格执行国家安全保密制度；不得利用国际联网从事危害国家安全、泄露国家秘密等违法犯罪活动，不得制作、查阅、复制和传播妨碍社会治安和淫秽色情等有害信息；发现有害信息应当及时向有关主管部门报告，并采取有效措施，不得使其扩散。

第二十一条 进行国际联网的专业计算机信息网络不得经营国际互联网络业务。

企业计算机信息网络和其他通过专线进行国际联网的计算机信息网络，只限于内部使用。

负责专业计算机信息网络、企业计算机信息网络和其他通过专线进行国际联网的计算机信息网络运行的单位，应当参照本办法建立网络管理中心，健全管理制度，做好网络信息安全管理工作。

第二十二条 违反本办法第七条和第十条第一款规定的，由公安机关责令停止联网，可以并处 15 000 元以下罚款；有违法所得的，没收违法所得。

违反本办法第十一条规定的，未领取国际联网经营许可证从事国际联网经营活动的，由公安机关给予警告，限期办理经营许可证；在限期内不办理经营许可证的，责令停止联网；有违法所得的，没收违法所得。

违反本办法第十二条规定的，对个人由公安机关处 5000 元以下的罚款；对法人和其他组织用户由公安机关给予警告，可以并处 15 000 元以下的罚款。

违反本办法第十八条第一款规定的，由公安机关根据有关法规予以处罚。

违反本办法第二十一条第一款规定的，由公安机关给予警告，可以并处 15 000 元以下的罚款；有违法所得的，没收违法所得。违反本办法第二十一条第二款规定的，由公安机关给予警告，可以并处 15 000 元以下的罚款；有违法所得的，没收违法所得。

第二十三条 违反《暂行规定》及本办法，同时触犯其他有关法律、行政法规的，依照有关法律、行政法规的规定予以处罚；构成犯罪的，依法追究刑事责任。

第二十四条 与香港特别行政区和台湾、澳门地区的计算机信息网络的联网，参照本办法执行。

第二十五条 本办法自颁布之日起施行。

7.2 计算机信息网络国际联网安全保护管理办法

《计算机信息网络国际联网安全保护管理办法》是为了安全保护计算机信息网络国际联网而制定的管理办法。1997 年 12 月 11 日，该办法由中华人民共和国国务院批准，公安部令第 33 号发布，根据 2011 年 1 月 8 日《国务院关于废止和修改部分行政法规的决定》修订。全文如下：

第一章　总　　则

第一条　为了加强对计算机信息网络国际联网的安全保护，维护公共秩序和社会稳定，根据《中华人民共和国计算机信息系统安全保护条例》《中华人民共和国计算机信息网络国际联网管理暂行规定》和其他法律、行政法规的规定，制定本办法。

第二条　中华人民共和国境内的计算机信息网络国际联网安全保护管理，适用本办法。

第三条　公安部计算机管理监察机构负责计算机信息网络国际联网的安全保护管理工作。

公安机关计算机管理监察机构应当保护计算机信息网络国际联网的公共安全，维护从事国际联网业务的单位和个人的合法权益和公众利益。

第四条　任何单位和个人不得利用国际联网危害国家安全、泄露国家秘密，不得侵犯国家的、社会的、集体的利益和公民的合法权益，不得从事违法犯罪活动。

第五条　任何单位和个人不得利用国际联网制作、复制、查阅和传播下列信息：

（一）煽动抗拒、破坏宪法和法律、行政法规实施的；

（二）煽动颠覆国家政权，推翻社会主义制度的；

（三）煽动分裂国家、破坏国家统一的；

（四）煽动民族仇恨、民族歧视，破坏民族团结的；

（五）捏造或者歪曲事实，散布谣言，扰乱社会秩序的；

（六）宣扬封建迷信、淫秽、色情、赌博、暴力、凶杀、恐怖，教唆犯罪的；

（七）公然侮辱他人或者捏造事实诽谤他人的；

（八）损害国家机关信誉的；

（九）其他违反宪法和法律、行政法规的。

第六条　任何单位和个人不得从事下列危害计算机信息网络安全的活动：

（一）未经允许，进入计算机信息网络或者使用计算机信息网络资源的；

（二）未经允许，对计算机信息网络功能进行删除、修改或者增加的；

（三）未经允许，对计算机信息网络中存储、处理或者传输的数据和应用程序进行删除、修改或者增加的；

（四）故意制作、传播计算机病毒等破坏性程序的；

（五）其他危害计算机信息网络安全的。

第七条　用户的通信自由和通信秘密受法律保护。任何单位和个人不得违反法律规定，利用国际联网侵犯用户的通信自由和通信秘密。

第二章　安全保护责任

第八条　从事国际联网业务的单位和个人应当接受公安机关的安全监督、检查和指导，如实向公安机关提供有关安全保护的信息、资料及数据文件，协助公安机关查处通过国际联网的计算机信息网络的违法犯罪行为。

第九条　国际出入口信道提供单位、互联单位的主管部门或者主管单位，应当依照法律和国家有关规定负责国际出入口信道、所属互联网络的安全保护管理工作。

第十条　互联单位、接入单位及使用计算机信息网络国际联网的法人和其他组织应当履行下列安全保护职责：

（一）负责本网络的安全保护管理工作，建立健全安全保护管理制度；

（二）落实安全保护技术措施，保障本网络的运行安全和信息安全；

（三）负责对本网络用户的安全教育和培训；

（四）对委托发布信息的单位和个人进行登记，并对所提供的信息内容按照本办法第五条进行审核；

（五）建立计算机信息网络电子公告系统的用户登记和信息管理制度；

（六）发现有本办法第四条、第五条、第六条、第七条所列情形之一的，应当保留有关原始记录，并在24小时内向当地公安机关报告；

（七）按照国家有关规定，删除本网络中含有本办法第五条内容的地址、目录或者关闭服务器。

第十一条　用户在接入单位办理入网手续时，应当填写用户备案表。备案表由公安部监制。

第十二条　互联单位、接入单位、使用计算机信息网络国际联网的法人和其他组织（包括跨省、自治区、直辖市联网的单位和所属的分支机构），应当自网络正式联通之日起30日内，到所在地的省、自治区、直辖市人民政府公安机关指定的受理机关办理备案手续。

前款所列单位应当负责将接入本网络的接入单位和用户情况报当地公安机关备案，并及时报告本网络中接入单位和用户的变更情况。

第十三条　使用公用账号的注册者应当加强对公用账号的管理，建立账号使用登记制度。用户账号不得转借、转让。

第十四条　涉及国家事务、经济建设、国防建设、尖端科学技术等重要领域的单位办理备案手续时，应当出具其行政主管部门的审批证明。

前款所列单位的计算机信息网络与国际联网，应当采取相应的安全保护措施。

第三章　安　全　监　督

第十五条　省、自治区、直辖市公安厅（局），地（市）、县（市）公安局，应当有相应机构负责国际联网的安全保护管理工作。

第十六条　公安机关计算机管理监察机构应当掌握互联单位、接入单位和用户的备案情况，建立备案档案，进行备案统计，并按照国家有关规定逐级上报。

第十七条　公安机关计算机管理监察机构应当督促互联单位、接入单位及有关用户建立健全安全保护管理制度，监督、检查网络安全保护管理以及技术措施的落实情况。

公安机关计算机管理监察机构在组织安全检查时，有关单位应当派人参加。公安机关计算机管理监察机构对安全检查发现的问题，应当提出改进意见，作出详细记录，存档备查。

　　第十八条　公安机关计算机管理监察机构发现含有本办法第五条所列内容的地址、目录或者服务器时，应当通知有关单位关闭或者删除。

　　第十九条　公安机关计算机管理监察机构应当负责追踪和查处通过计算机信息网络的违法行为和针对计算机信息网络的犯罪案件，对违反本办法第四条、第七条规定的违法犯罪行为，应当按照国家有关规定移送有关部门或者司法机关处理。

第四章　法　律　责　任

　　第二十条　违反法律、行政法规，有本办法第五条、第六条所列行为之一的，由公安机关给予警告，有违法所得的，没收违法所得，对个人可以并处 5000 元以下的罚款，对单位可以并处 1.5 万元以下的罚款；情节严重的，并可以给予 6 个月以内停止联网、停机整顿的处罚，必要时可以建议原发证、审批机构吊销经营许可证或者取消联网资格；构成违反治安管理行为的，依照治安管理处罚法的规定处罚；构成犯罪的，依法追究刑事责任。

　　第二十一条　有下列行为之一的，由公安机关责令限期改正，给予警告，有违法所得的，没收违法所得；在规定的限期内未改正的，对单位的主管负责人员和其他直接责任人员可以并处 5000 元以下的罚款，对单位可以并处 1.5 万元以下的罚款；情节严重的，并可以给予 6 个月以内的停止联网、停机整顿的处罚，必要时可以建议原发证、审批机构吊销经营许可证或者取消联网资格：

　　（一）未建立安全保护管理制度的；

　　（二）未采取安全技术保护措施的；

　　（三）未对网络用户进行安全教育和培训的；

　　（四）未提供安全保护管理所需信息、资料及数据文件，或者所提供内容不真实的；

　　（五）对委托其发布的信息内容未进行审核或者对委托单位和个人未进行登记的；

　　（六）未建立电子公告系统的用户登记和信息管理制度的；

　　（七）未按照国家有关规定，删除网络地址、目录或者关闭服务器的；

　　（八）未建立公用账号使用登记制度的；

　　（九）转借、转让用户账号的。

　　第二十二条　违反本办法第四条、第七条规定的，依照有关法律、法规予以处罚。

　　第二十三条　违反本办法第十一条、第十二条规定，不履行备案职责的，由公安机关给予警告或者停机整顿不超过 6 个月的处罚。

第五章　附　　则

　　第二十四条　与香港特别行政区和台湾、澳门地区联网的计算机信息网络的安全保护管理，参照本办法执行。

　　第二十五条　本办法自 1997 年 12 月 30 日起施行。

7.3　互联网信息服务管理办法

《互联网信息服务管理办法》于 2000 年 9 月 20 日由国务院第三十一次常务会议通过，并于 2000 年 9 月 25 日由中华人民共和国国务院令第 292 号公布施行，根据 2011 年 1 月 8 日《国务院关于废止和修改部分行政法规的决定》修订。2021 年 1 月 8 日，国家网信办就《互联网信息服务管理办法 (修订草案征求意见稿)》公开征求意见，意见反馈截止日期为 2021 年 2 月 7 日。全文如下：

第一条　为了规范互联网信息服务活动，促进互联网信息服务健康有序发展，制定本办法。

第二条　在中华人民共和国境内从事互联网信息服务活动，必须遵守本办法。

本办法所称互联网信息服务，是指通过互联网向上网用户提供信息的服务活动。

第三条　互联网信息服务分为经营性和非经营性两类。

经营性互联网信息服务，是指通过互联网向上网用户有偿提供信息或者网页制作等服务活动。

非经营性互联网信息服务，是指通过互联网向上网用户无偿提供具有公开性、共享性信息的服务活动。

第四条　国家对经营性互联网信息服务实行许可制度；对非经营性互联网信息服务实行备案制度。

未取得许可或者未履行备案手续的，不得从事互联网信息服务。

第五条　从事新闻、出版、教育、医疗保健、药品和医疗器械等互联网信息服务，依照法律、行政法规以及国家有关规定须经有关主管部门审核同意的，在申请经营许可或者履行备案手续前，应当依法经有关主管部门审核同意。

第六条　从事经营性互联网信息服务，除应当符合《中华人民共和国电信条例》规定的要求外，还应当具备下列条件：

(一) 有业务发展计划及相关技术方案；

(二) 有健全的网络与信息安全保障措施，包括网站安全保障措施、信息安全保密管理制度、用户信息安全管理制度；

(三) 服务项目属于本办法第五条规定范围的，已取得有关主管部门同意的文件。

第七条　从事经营性互联网信息服务，应当向省、自治区、直辖市电信管理机构或者国务院信息产业主管部门申请办理互联网信息服务增值电信业务经营许可证 (以下简称经营许可证)。

省、自治区、直辖市电信管理机构或者国务院信息产业主管部门应当自收到申请之日起 60 日内审查完毕，作出批准或者不予批准的决定。予以批准的，颁发经营许可证；不予批准的，应当书面通知申请人并说明理由。

申请人取得经营许可证后，应当持经营许可证向企业登记机关办理登记手续。

第八条 从事非经营性互联网信息服务，应当向省、自治区、直辖市电信管理机构或者国务院信息产业主管部门办理备案手续。办理备案时，应当提交下列材料：

（一）主办单位和网站负责人的基本情况；

（二）网站网址和服务项目；

（三）服务项目属于本办法第五条规定范围的，已取得有关主管部门的同意文件。

省、自治区、直辖市电信管理机构对备案材料齐全的，应当予以备案并编号。

第九条 从事互联网信息服务，拟开办电子公告服务的，应当在申请经营性互联网信息服务许可或者办理非经营性互联网信息服务备案时，按照国家有关规定提出专项申请或者专项备案。

第十条 省、自治区、直辖市电信管理机构和国务院信息产业主管部门应当公布取得经营许可证或者已履行备案手续的互联网信息服务提供者名单。

第十一条 互联网信息服务提供者应当按照经许可或者备案的项目提供服务，不得超出经许可或者备案的项目提供服务。

非经营性互联网信息服务提供者不得从事有偿服务。

互联网信息服务提供者变更服务项目、网站网址等事项的，应当提前30日向原审核、发证或者备案机关办理变更手续。

第十二条 互联网信息服务提供者应当在其网站主页的显著位置标明其经营许可证编号或者备案编号。

第十三条 互联网信息服务提供者应当向上网用户提供良好的服务，并保证所提供的信息内容合法。

第十四条 从事新闻、出版以及电子公告等服务项目的互联网信息服务提供者，应当记录提供的信息内容及其发布时间、互联网地址或者域名；互联网接入服务提供者应当记录上网用户的上网时间、用户账号、互联网地址或者域名、主叫电话号码等信息。

互联网信息服务提供者和互联网接入服务提供者的记录备份应当保存60日，并在国家有关机关依法查询时，予以提供。

第十五条 互联网信息服务提供者不得制作、复制、发布、传播含有下列内容的信息：

（一）反对宪法所确定的基本原则的；

（二）危害国家安全，泄露国家秘密，颠覆国家政权，破坏国家统一的；

（三）损害国家荣誉和利益的；

（四）煽动民族仇恨、民族歧视，破坏民族团结的；

（五）破坏国家宗教政策，宣扬邪教和封建迷信的；

（六）散布谣言，扰乱社会秩序，破坏社会稳定的；

（七）散布淫秽、色情、赌博、暴力、凶杀、恐怖或者教唆犯罪的；

（八）侮辱或者诽谤他人，侵害他人合法权益的；

（九）含有法律、行政法规禁止的其他内容的。

第十六条　互联网信息服务提供者发现其网站传输的信息明显属于本办法第十五条所列内容之一的，应当立即停止传输，保存有关记录，并向国家有关机关报告。

第十七条　经营性互联网信息服务提供者申请在境内境外上市或者同外商合资、合作，应当事先经国务院信息产业主管部门审查同意；其中，外商投资的比例应当符合有关法律、行政法规的规定。

第十八条　国务院信息产业主管部门和省、自治区、直辖市电信管理机构，依法对互联网信息服务实施监督管理。

新闻、出版、教育、卫生、药品监督管理、工商行政管理和公安、国家安全等有关主管部门，在各自职责范围内依法对互联网信息内容实施监督管理。

第十九条　违反本办法的规定，未取得经营许可证，擅自从事经营性互联网信息服务，或者超出许可的项目提供服务的，由省、自治区、直辖市电信管理机构责令限期改正，有违法所得的，没收违法所得，处违法所得3倍以上5倍以下的罚款；没有违法所得或者违法所得不足5万元的，处10万元以上100万元以下的罚款；情节严重的，责令关闭网站。

违反本办法的规定，未履行备案手续，擅自从事非经营性互联网信息服务，或者超出备案的项目提供服务的，由省、自治区、直辖市电信管理机构责令限期改正；拒不改正的，责令关闭网站。

第二十条　制作、复制、发布、传播本办法第十五条所列内容之一的信息，构成犯罪的，依法追究刑事责任；尚不构成犯罪的，由公安机关、国家安全机关依照《中华人民共和国治安管理处罚条例》《计算机信息网络国际联网安全保护管理办法》等有关法律、行政法规的规定予以处罚；对经营性互联网信息服务提供者，并由发证机关责令停业整顿直至吊销经营许可证，通知企业登记机关；对非经营性互联网信息服务提供者，并由备案机关责令暂时关闭网站直至关闭网站。

第二十一条　未履行本办法第十四条规定的义务的，由省、自治区、直辖市电信管理机构责令改正；情节严重的，责令停业整顿或者暂时关闭网站。

第二十二条　违反本办法的规定，未在其网站主页上标明其经营许可证编号或者备案编号的，由省、自治区、直辖市电信管理机构责令改正，处5000元以上5万元以下的罚款。

第二十三条　违反本办法第十六条规定的义务的，由省、自治区、直辖市电信管理机构责令改正；情节严重的，对经营性互联网信息服务提供者，并由发证机关吊销经营许可证，对非经营性互联网信息服务提供者，并由备案机关责令关闭网站。

第二十四条　互联网信息服务提供者在其业务活动中，违反其他法律、法规的，由新闻、出版、教育、卫生、药品监督管理和工商行政管理等有关主管部门依照有关法律、法规的规定处罚。

第二十五条　电信管理机构和其他有关主管部门及其工作人员，玩忽职守、滥用职权、徇私舞弊，疏于对互联网信息服务的监督管理，造成严重后果，构成犯罪的，依法追究刑事责任；尚不构成犯罪的，对直接负责的主管人员和其他直接责任人员依法给予降级、撤职直至开除的行政处分。

第二十六条　在本办法公布前从事互联网信息服务的，应当自本办法公布之日起 60 日内依照本办法的有关规定补办有关手续。

第二十七条　本办法自公布之日起施行。

7.4　互联网上网服务营业场所管理条例

《互联网上网服务营业场所管理条例》于 2002 年 9 月 29 日由中华人民共和国国务院令第 363 号公布，自 2002 年 11 月 15 日起施行；根据 2011 年 1 月 8 日中华人民共和国国务院令第 588 号《国务院关于废止和修改部分行政法规的决定》第一次修订；根据 2016 年 2 月 6 日中华人民共和国国务院令第 666 号《国务院关于修改部分行政法规的决定》第二次修订；根据 2019 年 3 月 24 日中华人民共和国国务院令第 710 号《国务院关于修改部分行政法规的决定》第三次修订；根据 2022 年 3 月 29 日中华人民共和国国务院令第 752 号《国务院关于修改和废止部分行政法规的决定》第四次修订。全文如下：

第一章　总　　则

第一条　为了加强对互联网上网服务营业场所的管理，规范经营者的经营行为，维护公众和经营者的合法权益，保障互联网上网服务经营活动健康发展，促进社会主义精神文明建设，制定本条例。

第二条　本条例所称互联网上网服务营业场所，是指通过计算机等装置向公众提供互联网上网服务的网吧、电脑休闲室等营业性场所。

学校、图书馆等单位内部附设的为特定对象获取资料、信息提供上网服务的场所，应当遵守有关法律、法规，不适用本条例。

第三条　互联网上网服务营业场所经营单位应当遵守有关法律、法规的规定，加强行业自律，自觉接受政府有关部门依法实施的监督管理，为上网消费者提供良好的服务。

互联网上网服务营业场所的上网消费者，应当遵守有关法律、法规的规定，遵守社会公德，开展文明、健康的上网活动。

第四条　县级以上人民政府文化行政部门负责互联网上网服务营业场所经营单位的设立审批，并负责对依法设立的互联网上网服务营业场所经营单位经营活动的监督管理；公安机关负责对互联网上网服务营业场所经营单位的信息网络安全、治安及消防安全的监督管理；工商行政管理部门负责对互联网上网服务营业场所经营单位登记注册和营业执照的管理，并依法查处无照经营活动；电信管理等其他有关部门在各自职责范围内，依照本条例和有关法律、行政法规的规定，对互联网上网服务营业场所经营单位分别实施有关监督管理。

第五条　文化行政部门、公安机关、工商行政管理部门和其他有关部门及其工作人员不得从事或者变相从事互联网上网服务经营活动，也不得参与或者变相参与互联网上网服务营业场所经营单位的经营活动。

第六条　国家鼓励公民、法人和其他组织对互联网上网服务营业场所经营单位的经营活动进行监督，并对有突出贡献的给予奖励。

第二章　设　　立

第七条　国家对互联网上网服务营业场所经营单位的经营活动实行许可制度。未经许可，任何组织和个人不得从事互联网上网服务经营活动。

第八条　互联网上网服务营业场所经营单位从事互联网上网服务经营活动，应当具备下列条件：

（一）有企业的名称、住所、组织机构和章程；

（二）有与其经营活动相适应的资金；

（三）有与其经营活动相适应并符合国家规定的消防安全条件的营业场所；

（四）有健全、完善的信息网络安全管理制度和安全技术措施；

（五）有固定的网络地址和与其经营活动相适应的计算机等装置及附属设备；

（六）有与其经营活动相适应并取得从业资格的安全管理人员、经营管理人员、专业技术人员；

（七）法律、行政法规和国务院有关部门规定的其他条件。

互联网上网服务营业场所的最低营业面积、计算机等装置及附属设备数量、单机面积的标准，由国务院文化行政部门规定。

审批从事互联网上网服务经营活动，除依照本条第一款、第二款规定的条件外，还应当符合国务院文化行政部门和省、自治区、直辖市人民政府文化行政部门规定的互联网上网服务营业场所经营单位的总量和布局要求。

第九条　中学、小学校园周围 200 米范围内和居民住宅楼（院）内不得设立互联网上网服务营业场所。

第十条　互联网上网服务营业场所经营单位申请从事互联网上网服务经营活动，应当向县级以上地方人民政府文化行政部门提出申请，并提交下列文件：

（一）企业营业执照和章程；

（二）法定代表人或者主要负责人的身份证明材料；

（三）资金信用证明；

（四）营业场所产权证明或者租赁意向书；

（五）依法需要提交的其他文件。

第十一条　文化行政部门应当自收到申请之日起 20 个工作日内作出决定；经审查，符合条件的，发给同意筹建的批准文件。

申请人完成筹建后，应当向同级公安机关承诺符合信息网络安全审核条件，并经公安机关确认当场签署承诺书。申请人还应当依照有关消防管理法律法规的规定办理审批手续。

申请人执信息网络安全承诺书并取得消防安全批准文件后，向文化行政部门申请最终审核。文化行政部门应当自收到申请之日起 15 个工作日内依据本条例第八条的规定作出决定；经实地检查并审核合格的，发给《网络文化经营许可证》。

对申请人的申请，有关部门经审查不符合条件的，或者经审核不合格的，应当分别向申请人书面说明理由。

文化行政部门发放《网络文化经营许可证》的情况或互联网上网服务营业场所经营单位拟开展经营活动的情况，应当向同级公安机关通报或报备。

第十二条　互联网上网服务营业场所经营单位不得涂改、出租、出借或者以其他方式转让《网络文化经营许可证》。

第十三条　互联网上网服务营业场所经营单位变更营业场所地址或者对营业场所进行改建、扩建，变更计算机数量或者其他重要事项的，应当经原审核机关同意。

互联网上网服务营业场所经营单位变更名称、住所、法定代表人或者主要负责人、注册资本、网络地址或者终止经营活动的，应当依法到工商行政管理部门办理变更登记或者注销登记，并到文化行政部门、公安机关办理有关手续或者备案。

第三章　经　　营

第十四条　互联网上网服务营业场所经营单位和上网消费者不得利用互联网上网服务营业场所制作、下载、复制、查阅、发布、传播或者以其他方式使用含有下列内容的信息：

（一）反对宪法确定的基本原则的；

（二）危害国家统一、主权和领土完整的；

（三）泄露国家秘密，危害国家安全或者损害国家荣誉和利益的；

（四）煽动民族仇恨、民族歧视，破坏民族团结，或者侵害民族风俗、习惯的；

（五）破坏国家宗教政策，宣扬邪教、迷信的；

（六）散布谣言，扰乱社会秩序，破坏社会稳定的；

（七）宣传淫秽、赌博、暴力或者教唆犯罪的；

（八）侮辱或者诽谤他人，侵害他人合法权益的；

（九）危害社会公德或者民族优秀文化传统的；

（十）含有法律、行政法规禁止的其他内容的。

第十五条　互联网上网服务营业场所经营单位和上网消费者不得进行下列危害信息网络安全的活动：

（一）故意制作或者传播计算机病毒以及其他破坏性程序的；

（二）非法侵入计算机信息系统或者破坏计算机信息系统功能、数据和应用程序的；

（三）进行法律、行政法规禁止的其他活动的。

第十六条　互联网上网服务营业场所经营单位应当通过依法取得经营许可证的互联网接入服务提供者接入互联网，不得采取其他方式接入互联网。

互联网上网服务营业场所经营单位提供上网消费者使用的计算机必须通过局域网的方式接入互联网，不得直接接入互联网。

第十七条　互联网上网服务营业场所经营单位不得经营非网络游戏。

第十八条　互联网上网服务营业场所经营单位和上网消费者不得利用网络游戏或者其他方式进行赌博或者变相赌博活动。

第十九条　互联网上网服务营业场所经营单位应当实施经营管理技术措施，建立场内巡查制度，发现上网消费者有本条例第十四条、第十五条、第十八条所列行为或者有其他违法行为的，应当立即予以制止并向文化行政部门、公安机关举报。

第二十条　互联网上网服务营业场所经营单位应当在营业场所的显著位置悬挂《网络文化经营许可证》和营业执照。

第二十一条　互联网上网服务营业场所经营单位不得接纳未成年人进入营业场所。

互联网上网服务营业场所经营单位应当在营业场所入口处的显著位置悬挂未成年人禁入标志。

第二十二条　互联网上网服务营业场所每日营业时间限于 8 时至 24 时。

第二十三条　互联网上网服务营业场所经营单位应当对上网消费者的身份证等有效证件进行核对、登记，并记录有关上网信息。登记内容和记录备份保存时间不得少于 60 日，并在文化行政部门、公安机关依法查询时予以提供。登记内容和记录备份在保存期内不得修改或者删除。

第二十四条　互联网上网服务营业场所经营单位应当依法履行信息网络安全、治安和消防安全职责，并遵守下列规定：

（一）禁止明火照明和吸烟并悬挂禁止吸烟标志；

（二）禁止带入和存放易燃、易爆物品；

（三）不得安装固定的封闭门窗栅栏；

（四）营业期间禁止封堵或者锁闭门窗、安全疏散通道和安全出口；

（五）不得擅自停止实施安全技术措施。

第四章　罚　　则

第二十五条　文化行政部门、公安机关、工商行政管理部门或者其他有关部门及其工作人员，利用职务上的便利收受他人财物或者其他好处，违法批准不符合法定设立条件的互联网上网服务营业场所经营单位，或者不依法履行监督职责，或者发现违法行为不予依法查处，触犯刑律的，对直接负责的主管人员和其他直接责任人员依照刑法关于受贿罪、滥用职权罪、玩忽职守罪或者其他罪的规定，依法追究刑事责任；尚不够刑事处罚的，依法给予降级、撤职或者开除的行政处分。

第二十六条　文化行政部门、公安机关、工商行政管理部门或者其他有关部门的工作人员，从事或者变相从事互联网上网服务经营活动的，参与或者变相参与互联网上网服务营业场所经营单位的经营活动的，依法给予降级、撤职或者开除的行政处分。

文化行政部门、公安机关、工商行政管理部门或者其他有关部门有前款所列行为的，对直接负责的主管人员和其他直接责任人员依照前款规定依法给予行政处分。

第二十七条　违反本条例的规定，擅自从事互联网上网服务经营活动的，由文化行政部门或者由文化行政部门会同公安机关依法予以取缔，查封其从事违法经营活动的场所，扣押从事违法经营活动的专用工具、设备；触犯刑律的，依照刑法关于非法经营罪的规定，依法追究刑事责任；尚不够刑事处罚的，由文化行政部门没收违法所得及其从事违法经营活动的专用工具、设备；违法经营额1万元以上的，并处违法经营额5倍以上10倍以下的罚款；违法经营额不足1万元的，并处1万元以上5万元以下的罚款。

第二十八条　文化行政部门应当建立互联网上网服务营业场所经营单位的经营活动信用监管制度，建立健全信用约束机制，并及时公布行政处罚信息。

第二十九条　互联网上网服务营业场所经营单位违反本条例的规定，涂改、出租、出借或者以其他方式转让《网络文化经营许可证》，触犯刑律的，依照刑法关于伪造、变造、买卖国家机关公文、证件、印章罪的规定，依法追究刑事责任；尚不够刑事处罚的，由文化行政部门吊销《网络文化经营许可证》，没收违法所得；违法经营额5000元以上的，并处违法经营额2倍以上5倍以下的罚款；违法经营额不足5000元的，并处5000元以上1万元以下的罚款。

第三十条　互联网上网服务营业场所经营单位违反本条例的规定，利用营业场所制作、下载、复制、查阅、发布、传播或者以其他方式使用含有本条例第十四条规定禁止含有的内容的信息，触犯刑律的，依法追究刑事责任；尚不够刑事处罚的，由公安机关给予警告，没收违法所得；违法经营额1万元以上的，并处违法经营额2倍以上5倍以下的罚款；违法经营额不足1万元的，并处1万元以上2万元以下的罚款；情节严重的，责令停业整顿，直至由文化行政部门吊销《网络文化经营许可证》。

上网消费者有前款违法行为，触犯刑律的，依法追究刑事责任；尚不够刑事处罚的，由公安机关依照治安管理处罚法的规定给予处罚。

第三十一条　互联网上网服务营业场所经营单位违反本条例的规定，有下列行为之一的，由文化行政部门给予警告，可以并处15 000元以下的罚款；情节严重的，责令停业整顿，直至吊销"网络文化经营许可证"：

（一）在规定的营业时间以外营业的；

（二）接纳未成年人进入营业场所的；

（三）经营非网络游戏的；

（四）擅自停止实施经营管理技术措施的；

（五）未悬挂《网络文化经营许可证》或者未成年人禁入标志的。

第三十二条　公安机关应当自互联网上网服务营业场所经营单位正式开展经营活动20个工作日内，对其依法履行信息网络安全职责情况进行实地检查。检查发现互联网上网服务营业场所经营单位未履行承诺的信息网络安全责任的，由公安机关给予警告，可以并处15 000元以下罚款；情节严重的，责令停业整顿，直至由文化行政部门吊销《网络文化经营许可证》。

第三十三条　互联网上网服务营业场所经营单位违反本条例的规定，有下列行为之一的，由文化行政部门、公安机关依据各自职权给予警告，可以并处15 000元以下的罚款；情节严重的，责令停业整顿，直至由文化行政部门吊销《网络文化经营许可证》：

（一）向上网消费者提供的计算机未通过局域网的方式接入互联网的；

（二）未建立场内巡查制度，或者发现上网消费者的违法行为未予制止并向文化行政部门、公安机关举报的；

（三）未按规定核对、登记上网消费者的有效身份证件或者记录有关上网信息的；

（四）未按规定时间保存登记内容、记录备份，或者在保存期内修改、删除登记内容、记录备份的；

（五）变更名称、住所、法定代表人或者主要负责人、注册资本、网络地址或者终止经营活动，未向文化行政部门、公安机关办理有关手续或者备案的。

第三十四条　互联网上网服务营业场所经营单位违反本条例的规定，有下列行为之一的，由公安机关给予警告，可以并处15 000元以下的罚款；情节严重的，责令停业整顿，直至由文化行政部门吊销《网络文化经营许可证》：

（一）利用明火照明或者发现吸烟不予制止，或者未悬挂禁止吸烟标志的；

（二）允许带入或者存放易燃、易爆物品的；

（三）在营业场所安装固定的封闭门窗栅栏的；

（四）营业期间封堵或者锁闭门窗、安全疏散通道或者安全出口的；

（五）擅自停止实施安全技术措施的。

第三十五条　违反国家有关信息网络安全、治安管理、消防管理、工商行政管理、电信管理等规定，触犯刑律的，依法追究刑事责任；尚不够刑事处罚的，由公安机关、工商行政管理部门、电信管理机构依法给予处罚；情节严重的，由原发证机关吊销许可证件。

第三十六条　互联网上网服务营业场所经营单位违反本条例的规定，被吊销《网络文化经营许可证》的，自被吊销《网络文化经营许可证》之日起5年内，其法定代表人或者主要负责人不得担任互联网上网服务营业场所经营单位的法定代表人或者主要负责人。

擅自设立的互联网上网服务营业场所经营单位被依法取缔的，自被取缔之日起5年内，其主要负责人不得担任互联网上网服务营业场所经营单位的法定代表人或者主要负责人。

第三十七条　依照本条例的规定实施罚款的行政处罚，应当依照有关法律、行政法规的规定，实行罚款决定与罚款收缴分离；收缴的罚款和违法所得必须全部上缴国库。

第五章　附　则

第三十八条　本条例自 2002 年 11 月 15 日起施行。2001 年 4 月 3 日信息产业部、公安部、文化部、国家工商行政管理局发布的《互联网上网服务营业场所管理办法》同时废止。

7.5　互联网安全保护技术措施规定

2005 年 11 月 23 日，《互联网安全保护技术措施规定》经公安部部长办公会议通过，2005 年 12 月 13 日经中华人民共和国公安部令第 82 号发布，自 2006 年 3 月 1 日起施行。全文如下：

第一条　为加强和规范互联网安全技术防范工作，保障互联网网络安全和信息安全，促进互联网健康、有序发展，维护国家安全、社会秩序和公共利益，根据《计算机信息网络国际联网安全保护管理办法》，制定本规定。

第二条　本规定所称互联网安全保护技术措施，是指保障互联网网络安全和信息安全、防范违法犯罪的技术设施和技术方法。

第三条　互联网服务提供者、联网使用单位负责落实互联网安全保护技术措施，并保障互联网安全保护技术措施功能的正常发挥。

第四条　互联网服务提供者、联网使用单位应当建立相应的管理制度。未经用户同意不得公开、泄露用户注册信息，但法律、法规另有规定的除外。

互联网服务提供者、联网使用单位应当依法使用互联网安全保护技术措施，不得利用互联网安全保护技术措施侵犯用户的通信自由和通信秘密。

第五条　公安机关公共信息网络安全监察部门负责对互联网安全保护技术措施的落实情况依法实施监督管理。

第六条　互联网安全保护技术措施应当符合国家标准。没有国家标准的，应当符合公共安全行业技术标准。

第七条　互联网服务提供者和联网使用单位应当落实以下互联网安全保护技术措施：

（一）防范计算机病毒、网络入侵和攻击破坏等危害网络安全事项或者行为的技术措施；

（二）重要数据库和系统主要设备的冗灾备份措施；

（三）记录并留存用户登录和退出时间、主叫号码、账号、互联网地址或域名、系统维护日志的技术措施；

（四）法律、法规和规章规定应当落实的其他安全保护技术措施。

第八条　提供互联网接入服务的单位除落实本规定第七条规定的互联网安全保护技术措施外，还应当落实具有以下功能的安全保护技术措施：

（一）记录并留存用户注册信息；

（二）使用内部网络地址与互联网网络地址转换方式为用户提供接入服务的，能够记录并留存用户使用的互联网网络地址和内部网络地址对应关系；

（三）记录、跟踪网络运行状态，监测、记录网络安全事件等安全审计功能。

第九条　提供互联网信息服务的单位除落实本规定第七条规定的互联网安全保护技术措施外，还应当落实具有以下功能的安全保护技术措施：

（一）在公共信息服务中发现、停止传输违法信息，并保留相关记录；

（二）提供新闻、出版以及电子公告等服务的，能够记录并留存发布的信息内容及发布时间；

（三）开办门户网站、新闻网站、电子商务网站的，能够防范网站、网页被篡改，被篡改后能够自动恢复；

（四）开办电子公告服务的，具有用户注册信息和发布信息审计功能；

（五）开办电子邮件和网上短信息服务的，能够防范、清除以群发方式发送伪造、隐匿信息发送者真实标记的电子邮件或者短信息。

第十条　提供互联网数据中心服务的单位和联网使用单位除落实本规定第七条规定的互联网安全保护技术措施外，还应当落实具有以下功能的安全保护技术措施：

（一）记录并留存用户注册信息；

（二）在公共信息服务中发现、停止传输违法信息，并保留相关记录；

（三）联网使用单位使用内部网络地址与互联网网络地址转换方式向用户提供接入服务的，能够记录并留存用户使用的互联网网络地址和内部网络地址对应关系。

第十一条　提供互联网上网服务的单位，除落实本规定第七条规定的互联网安全保护技术措施外，还应当安装并运行互联网公共上网服务场所安全管理系统。

第十二条　互联网服务提供者依照本规定采取的互联网安全保护技术措施应当具有符合公共安全行业技术标准的联网接口。

第十三条　互联网服务提供者和联网使用单位依照本规定落实的记录留存技术措施，应当具有至少保存 60 天记录备份的功能。

第十四条　互联网服务提供者和联网使用单位不得实施下列破坏互联网安全保护技术措施的行为：

（一）擅自停止或者部分停止安全保护技术设施、技术手段运行；

（二）故意破坏安全保护技术设施；

（三）擅自删除、篡改安全保护技术设施、技术手段运行程序和记录；

（四）擅自改变安全保护技术措施的用途和范围；

（五）其他故意破坏安全保护技术措施或者妨碍其功能正常发挥的行为。

第十五条 违反本规定第七条至第十四条规定的，由公安机关依照《计算机信息网络国际联网安全保护管理办法》第二十一条的规定予以处罚。

第十六条 公安机关应当依法对辖区内互联网服务提供者和联网使用单位安全保护技术措施的落实情况进行指导、监督和检查。

公安机关在依法监督检查时，互联网服务提供者、联网使用单位应当派人参加。公安机关对监督检查发现的问题，应当提出改进意见，通知互联网服务提供者、联网使用单位及时整改。

公安机关在监督检查时，监督检查人员不得少于 2 人，并应当出示执法身份证件。

第十七条 公安机关及其工作人员违反本规定，有滥用职权，徇私舞弊行为的，对直接负责的主管人员和其他直接责任人员依法给予行政处分；构成犯罪的，依法追究刑事责任。

第十八条 本规定所称互联网服务提供者，是指向用户提供互联网接入服务、互联网数据中心服务、互联网信息服务和互联网上网服务的单位。

本规定所称联网使用单位，是指为本单位应用需要连接并使用互联网的单位。

本规定所称提供互联网数据中心服务的单位，是指提供主机托管、租赁和虚拟空间租用等服务的单位。

第十九条 本规定自 2006 年 3 月 1 日起施行。

🍀 7.6　互联网电子邮件服务管理办法

《互联网电子邮件服务管理办法》是由中华人民共和国信息产业部为规范互联网电子邮件服务，经中华人民共和国信息产业部第十五次部务会议审议通过，于 2005 年 11 月 7 日中华人民共和国信息产业部令第 38 号发布的一个管理办法。该办法共包括二十七条，规范了公民使用互联网电子邮件的权利和义务，同时也确定了罚则，于 2006 年 3 月 30 日起施行。全文如下：

第一条 为了规范互联网电子邮件服务，保障互联网电子邮件服务使用者的合法权利，根据《中华人民共和国电信条例》和《互联网信息服务管理办法》等法律、行政法规的规定，制定本办法。

第二条 在中华人民共和国境内提供互联网电子邮件服务以及为互联网电子邮件服务提供接入服务和发送互联网电子邮件，适用本办法。

本办法所称互联网电子邮件服务，是指设置互联网电子邮件服务器，为互联网用户发送、接收互联网电子邮件提供条件的行为。

第三条 公民使用互联网电子邮件服务的通信秘密受法律保护。除因国家安全或者追查刑事犯罪的需要，由公安机关或者检察机关依照法律规定的程序对通信内容进行检查外，任何组织或者个人不得以任何理由侵犯公民的通信秘密。

第四条　提供互联网电子邮件服务，应当事先取得增值电信业务经营许可或者依法履行非经营性互联网信息服务备案手续。

未取得增值电信业务经营许可或者未履行非经营性互联网信息服务备案手续，任何组织或者个人不得在中华人民共和国境内开展互联网电子邮件服务。

第五条　互联网接入服务提供者等电信业务提供者，不得为未取得增值电信业务经营许可或者未履行非经营性互联网信息服务备案手续的组织或者个人开展互联网电子邮件服务提供接入服务。

第六条　国家对互联网电子邮件服务提供者的电子邮件服务器 IP 地址实行登记管理。互联网电子邮件服务提供者应当在电子邮件服务器开通前二十日将互联网电子邮件服务器所使用的 IP 地址向中华人民共和国信息产业部 (以下简称"信息产业部") 或者省、自治区、直辖市通信管理局 (以下简称"通信管理局") 登记。

互联网电子邮件服务提供者拟变更电子邮件服务器 IP 地址的，应当提前三十日办理变更手续。

第七条　互联网电子邮件服务提供者应当按照信息产业部制定的技术标准建设互联网电子邮件服务系统，关闭电子邮件服务器匿名转发功能，并加强电子邮件服务系统的安全管理，发现网络安全漏洞后应当及时采取安全防范措施。

第八条　互联网电子邮件服务提供者向用户提供服务，应当明确告知用户服务内容和使用规则。

第九条　互联网电子邮件服务提供者对用户的个人注册信息和互联网电子邮件地址，负有保密的义务。

互联网电子邮件服务提供者及其工作人员不得非法使用用户的个人注册信息资料和互联网电子邮件地址；未经用户同意，不得泄露用户的个人注册信息和互联网电子邮件地址，但法律、行政法规另有规定的除外。

第十条　互联网电子邮件服务提供者应当记录经其电子邮件服务器发送或者接收的互联网电子邮件的发送或者接收时间、发送者和接收者的互联网电子邮件地址及 IP 地址。上述记录应当保存六十日，并在国家有关机关依法查询时予以提供。

第十一条　任何组织或者个人不得制作、复制、发布、传播包含《中华人民共和国电信条例》第五十七条规定内容的互联网电子邮件。

任何组织或者个人不得利用互联网电子邮件从事《中华人民共和国电信条例》第五十八条禁止的危害网络安全和信息安全的活动。

第十二条　任何组织或者个人不得有下列行为：

(一) 未经授权利用他人的计算机系统发送互联网电子邮件；

(二) 将采用在线自动收集、字母或者数字任意组合等手段获得的他人的互联网电子邮件地址用于出售、共享、交换或者向通过上述方式获得的电子邮件地址发送互联网电子邮件。

第十三条　任何组织或者个人不得有下列发送或者委托发送互联网电子邮件的行为：

（一）故意隐匿或者伪造互联网电子邮件信封信息；

（二）未经互联网电子邮件接收者明确同意，向其发送包含商业广告内容的互联网电子邮件；

（三）发送包含商业广告内容的互联网电子邮件时，未在互联网电子邮件标题信息前部注明"广告"或者"AD"字样。

第十四条　互联网电子邮件接收者明确同意接收包含商业广告内容的互联网电子邮件后，拒绝继续接收的，互联网电子邮件发送者应当停止发送。双方另有约定的除外。

互联网电子邮件服务发送者发送包含商业广告内容的互联网电子邮件，应当向接收者提供拒绝继续接收的联系方式，包括发送者的电子邮件地址，并保证所提供的联系方式在三十日内有效。

第十五条　互联网电子邮件服务提供者、为互联网电子邮件服务提供接入服务的电信业务提供者应当受理用户对互联网电子邮件的举报，并为用户提供便捷的举报方式。

第十六条　互联网电子邮件服务提供者、为互联网电子邮件服务提供接入服务的电信业务提供者应当按照下列要求处理用户举报：

（一）发现被举报的互联网电子邮件明显含有本办法第十一条第一款规定的禁止内容的，应当及时向国家有关机关报告；

（二）本条第（一）项规定之外的其他被举报的互联网电子邮件，应当向信息产业部委托中国互联网协会设立的互联网电子邮件举报受理中心（以下简称"互联网电子邮件举报受理中心"）报告；

（三）被举报的互联网电子邮件涉及本单位的，应当立即开展调查，采取合理有效的防范或处理措施，并将有关情况和调查结果及时向国家有关机关或者互联网电子邮件举报受理中心报告。

第十七条　互联网电子邮件举报受理中心依照信息产业部制定的工作制度和流程开展以下工作：

（一）受理有关互联网电子邮件的举报；

（二）协助信息产业部或者通信管理局认定被举报的互联网电子邮件是否违反本办法有关条款的规定，并协助追查相关责任人；

（三）协助国家有关机关追查违反本办法第十一条规定的相关责任人。

第十八条　互联网电子邮件服务提供者、为互联网电子邮件服务提供接入服务的电信业务提供者，应当积极配合国家有关机关和互联网电子邮件举报受理中心开展调查工作。

第十九条　违反本办法第四条规定，未取得增值电信业务经营许可或者未履行非经营性互联网信息服务备案手续开展互联网电子邮件服务的，依据《互联网信息服务管理办法》第十九条的规定处罚。

第二十条　违反本办法第五条规定的，由信息产业部或者通信管理局依据职权责令改正，并处一万元以下的罚款。

第二十一条　未履行本办法第六条、第七条、第八条、第十条规定义务的，由信息产业部或者通信管理局依据职权责令改正，并处五千元以上一万元以下的罚款。

第二十二条　违反本办法第九条规定的，由信息产业部或者通信管理局依据职权责令改正，并处一万元以下的罚款；有违法所得的，并处三万元以下的罚款。

第二十三条　违反本办法第十一条规定的，依据《中华人民共和国电信条例》第六十七条的规定处理。

互联网电子邮件服务提供者等电信业务提供者有本办法第十一条规定的禁止行为的，信息产业部或者通信管理局依据《中华人民共和国电信条例》第七十八条、《互联网信息服务管理办法》第二十条的规定处罚。

第二十四条　违反本办法第十二条、第十三条、第十四条规定的，由信息产业部或者通信管理局依据职权责令改正，并处一万元以下的罚款；有违法所得的，并处三万元以下的罚款。

第二十五条　违反本办法第十五条、第十六条和第十八条规定的，由信息产业部或者通信管理局依据职权予以警告，并处五千元以上一万元以下的罚款。

第二十六条　本办法所称互联网电子邮件地址是指由一个用户名与一个互联网域名共同构成的、可据此向互联网电子邮件用户发送电子邮件的全球唯一性的终点标识。

本办法所称互联网电子邮件信封信息是指附加在互联网电子邮件上，用于标识互联网电子邮件发送者、接收者和传递路由等反映互联网电子邮件来源、终点和传递过程的信息。

本办法所称互联网电子邮件标题信息是指附加在互联网电子邮件上，用于标识互联网电子邮件内容主题的信息。

第二十七条　本办法自 2006 年 3 月 30 日起施行。

🔧 7.7　互联网用户公众账号信息服务管理规定

2021 年 1 月 22 日，国家互联网信息办公室发布新修订的《互联网用户公众账号信息服务管理规定》(以下简称《规定》) 自 2021 年 2 月 22 日起施行。《规定》明确：本《规定》施行之前颁布的有关规定与本《规定》不一致的，按照本《规定》执行。

新修订的《规定》明确禁止非法交易买卖公众账号。

7.7.1　《规定》的内容

第一章　总　　则

第一条　为了规范互联网用户公众账号信息服务，维护国家安全和公共利益，保护公民、法人和其他组织的合法权益，根据《中华人民共和国网络安全法》《互联网信息服务管理办法》《网络信息内容生态治理规定》等法律法规和国家有关规定，制定本规定。

第二条　在中华人民共和国境内提供、从事互联网用户公众账号信息服务，应当遵守本规定。

第三条　国家网信部门负责全国互联网用户公众账号信息服务的监督管理执法工作。地方网信部门依据职责负责本行政区域内互联网用户公众账号信息服务的监督管理执法工作。

第四条　公众账号信息服务平台和公众账号生产运营者应当遵守法律法规，遵循公序良俗，履行社会责任，坚持正确舆论导向、价值取向，弘扬社会主义核心价值观，生产发布向上向善的优质信息内容，发展积极健康的网络文化，维护清朗网络空间。

鼓励各级党政机关、企事业单位和人民团体注册运营公众账号，生产发布高质量政务信息或者公共服务信息，满足公众信息需求，推动经济社会发展。

鼓励公众账号信息服务平台积极为党政机关、企事业单位和人民团体提升政务信息发布、公共服务和社会治理水平，提供充分必要的技术支持和安全保障。

第五条　公众账号信息服务平台提供互联网用户公众账号信息服务，应当取得国家法律、行政法规规定的相关资质。

公众账号信息服务平台和公众账号生产运营者向社会公众提供互联网新闻信息服务，应当取得互联网新闻信息服务许可。

第二章　公众账号信息服务平台

第六条　公众账号信息服务平台应当履行信息内容和公众账号管理主体责任，配备与业务规模相适应的管理人员和技术能力，设置内容安全负责人岗位，建立健全并严格落实账号注册、信息内容安全、生态治理、应急处置、网络安全、数据安全、个人信息保护、知识产权保护、信用评价等管理制度。

公众账号信息服务平台应当依据法律法规和国家有关规定，制定并公开信息内容生产、公众账号运营等管理规则、平台公约，与公众账号生产运营者签订服务协议，明确双方内容发布权限、账号管理责任等权利义务。

第七条　公众账号信息服务平台应当按照国家有关标准和规范，建立公众账号分类注册和分类生产制度，实施分类管理。

公众账号信息服务平台应当依据公众账号信息内容生产质量、信息传播能力、账号主体信用评价等指标，建立分级管理制度，实施分级管理。

公众账号信息服务平台应当将公众账号和内容生产与账号运营管理规则、平台公约、服务协议等向所在地省、自治区、直辖市网信部门备案；上线具有舆论属性或者社会动员能力的新技术新应用新功能，应当按照有关规定进行安全评估。

第八条　公众账号信息服务平台应当采取复合验证等措施，对申请注册公众账号的互联网用户进行基于移动电话号码、居民身份证号码或者统一社会信用代码等方式的真实身份信息认证，提高认证准确率。用户不提供真实身份信息的，或者冒用组织机构、他人真实身份信息进行虚假注册的，不得为其提供相关服务。

公众账号信息服务平台应当对互联网用户注册的公众账号名称、头像和简介等进行合法合规性核验，发现账号名称、头像和简介与注册主体真实身份信息不相符的，特别是擅自使用或者关联党政机关、企事业单位等组织机构或者社会知名人士名义的，应当暂停提供服务并通知用户限期改正，拒不改正的，应当终止提供服务；发现相关注册信息含有违法和不良信息的，应当依法及时处置。

公众账号信息服务平台应当禁止被依法依约关闭的公众账号以相同账号名称重新注册；对注册与其关联度高的账号名称，还应当对账号主体真实身份信息、服务资质等进行必要核验。

第九条　公众账号信息服务平台对申请注册从事经济、教育、医疗卫生、司法等领域信息内容生产的公众账号，应当要求用户在注册时提供其专业背景，以及依照法律、行政法规获得的职业资格或者服务资质等相关材料，并进行必要核验。

公众账号信息服务平台应当对核验通过后的公众账号加注专门标识，并根据用户的不同主体性质，公示内容生产类别、运营主体名称、注册运营地址、统一社会信用代码、联系方式等注册信息，方便社会监督查询。

公众账号信息服务平台应当建立动态核验巡查制度，适时核验生产运营者注册信息的真实性、有效性。

第十条　公众账号信息服务平台应当对同一主体在本平台注册公众账号的数量合理设定上限。对申请注册多个公众账号的用户，还应当对其主体性质、服务资质、业务范围、信用评价等进行必要核验。

公众账号信息服务平台对互联网用户注册后超过六个月不登录、不使用的公众账号，可以根据服务协议暂停或者终止提供服务。

公众账号信息服务平台应当健全技术手段，防范和处置互联网用户超限量注册、恶意注册、虚假注册等违规注册行为。

第十一条　公众账号信息服务平台应当依法依约禁止公众账号生产运营者违规转让公众账号。

公众账号生产运营者向其他用户转让公众账号使用权的，应当向平台提出申请。平台应当依据前款规定对受让方用户进行认证核验，并公示主体变更信息。平台发现生产运营者未经审核擅自转让公众账号的，应当及时暂停或者终止提供服务。

公众账号生产运营者自行停止账号运营，可以向平台申请暂停或者终止使用。平台应当按照服务协议暂停或者终止提供服务。

第十二条　公众账号信息服务平台应当建立公众账号监测评估机制，防范账号订阅数、用户关注度、内容点击率、转发评论量等数据造假行为。

公众账号信息服务平台应当规范公众账号推荐订阅关注机制，健全技术手段，及时发现、处置公众账号订阅关注数量的异常变动情况。未经互联网用户知情同意，不得以任何方式强制或者变相强制订阅关注其他用户公众账号。

第十三条 公众账号信息服务平台应当建立生产运营者信用等级管理体系，根据信用等级提供相应服务。

公众账号信息服务平台应当建立健全网络谣言等虚假信息预警、发现、溯源、甄别、辟谣、消除等处置机制，对制作发布虚假信息的公众账号生产运营者降低信用等级或者列入黑名单。

第十四条 公众账号信息服务平台与生产运营者开展内容供给与账号推广合作，应当规范管理电商销售、广告发布、知识付费、用户打赏等经营行为，不得发布虚假广告、进行夸大宣传、实施商业欺诈及商业诋毁等，防止违法违规运营。

公众账号信息服务平台应当加强对原创信息内容的著作权保护，防范盗版侵权行为。

平台不得利用优势地位干扰生产运营者合法合规运营、侵犯用户合法权益。

第三章　公众账号生产运营者

第十五条 公众账号生产运营者应当按照平台分类管理规则，在注册公众账号时如实填写用户主体性质、注册地、运营地、内容生产类别、联系方式等基本信息，组织机构用户还应当注明主要经营或者业务范围。

公众账号生产运营者应当遵守平台内容生产和账号运营管理规则、平台公约和服务协议，按照公众账号登记的内容生产类别，从事相关行业领域的信息内容生产发布。

第十六条 公众账号生产运营者应当履行信息内容生产和公众账号运营管理主体责任，依法依规从事信息内容生产和公众账号运营活动。

公众账号生产运营者应当建立健全选题策划、编辑制作、发布推广、互动评论等全过程信息内容安全审核机制，加强信息内容导向性、真实性、合法性审核，维护网络传播良好秩序。

公众账号生产运营者应当建立健全公众账号注册使用、运营推广等全过程安全管理机制，依法、文明、规范运营公众账号，以优质信息内容吸引公众关注订阅和互动分享，维护公众账号良好社会形象。

公众账号生产运营者与第三方机构开展公众账号运营、内容供给等合作，应与第三方机构签订书面协议，明确第三方机构信息安全管理义务并督促履行。

第十七条 公众账号生产运营者转载信息内容的，应当遵守著作权保护相关法律法规，依法标注著作权人和可追溯信息来源，尊重和保护著作权人的合法权益。

公众账号生产运营者应当对公众账号留言、跟帖、评论等互动环节进行管理。平台可以根据公众账号的主体性质、信用等级等，合理设置管理权限，提供相关技术支持。

第十八条 公众账号生产运营者不得有下列违法违规行为：

（一）不以真实身份信息注册，或者注册与自身真实身份信息不相符的公众账号名称、头像、简介等；

（二）恶意假冒、仿冒或者盗用组织机构及他人公众账号生产发布信息内容；

（三）未经许可或者超越许可范围提供互联网新闻信息采编发布等服务；

（四）操纵利用多个平台账号，批量发布雷同低质信息内容，生成虚假流量数据，制造虚假舆论热点；

（五）利用突发事件煽动极端情绪，或者实施网络暴力损害他人和组织机构名誉，干扰组织机构正常运营，影响社会和谐稳定；

（六）编造虚假信息，伪造原创属性，标注不实信息来源，歪曲事实真相，误导社会公众；

（七）以有偿发布、删除信息等手段，实施非法网络监督、营销诈骗、敲诈勒索，谋取非法利益；

（八）违规批量注册、囤积或者非法交易买卖公众账号；

（九）制作、复制、发布违法信息，或者未采取措施防范和抵制制作、复制、发布不良信息；

（十）法律、行政法规禁止的其他行为。

第四章　监　督　管　理

第十九条　公众账号信息服务平台应当加强对本平台公众账号信息服务活动的监督管理，及时发现和处置违法违规信息或者行为。

公众账号信息服务平台应当对违反本规定及相关法律法规的公众账号，依法依约采取警示提醒、限制账号功能、暂停信息更新、停止广告发布、关闭注销账号、列入黑名单、禁止重新注册等处置措施，保存有关记录，并及时向网信等有关主管部门报告。

第二十条　公众账号信息服务平台和生产运营者应当自觉接受社会监督。

公众账号信息服务平台应当在显著位置设置便捷的投诉举报入口和申诉渠道，公布投诉举报和申诉方式，健全受理、甄别、处置、反馈等机制，明确处理流程和反馈时限，及时处理公众投诉举报和生产运营者申诉。

鼓励互联网行业组织开展公众评议，推动公众账号信息服务平台和生产运营者严格自律，建立多方参与的权威调解机制，公平合理解决行业纠纷，依法维护用户合法权益。

第二十一条　各级网信部门会同有关主管部门建立健全协作监管等工作机制，监督指导公众账号信息服务平台和生产运营者依法依规从事相关信息服务活动。

公众账号信息服务平台和生产运营者应当配合有关主管部门依法实施监督检查，并提供必要的技术支持和协助。

公众账号信息服务平台和生产运营者违反本规定的，由网信部门和有关主管部门在职责范围内依照相关法律法规处理。

第五章　附　　则

第二十二条　本规定所称互联网用户公众账号，是指互联网用户在互联网站、应用程序等网络平台注册运营，面向社会公众生产发布文字、图片、音视频等信息内容的网络账号。

　　本规定所称公众账号信息服务平台，是指为互联网用户提供公众账号注册运营、信息内容发布与技术保障服务的网络信息服务提供者。

　　本规定所称公众账号生产运营者，是指注册运营公众账号从事内容生产发布的自然人、法人或者非法人组织。

　　第二十三条　本规定自 2021 年 2 月 22 日起施行。本规定施行之前颁布的有关规定与本规定不一致的，按照本规定执行。

7.7.2 《规定》内容解读

　　《规定》共二十三条，包括公众账号信息服务平台信息内容和公众账号管理主体责任、公众账号生产运营者信息内容生产和公众账号运营管理主体责任、真实身份信息认证、分级分类管理、行业自律、社会监督及行政管理等条款。

　　《规定》强调，公众账号信息服务平台和公众账号生产运营者要严格遵守法律法规，积极履行社会责任，自觉遵守公序良俗，坚持正确舆论导向、价值取向，大力弘扬和践行社会主义核心价值观，为用户提供向上向善的优质信息内容，发展积极健康网络文化。《规定》鼓励各级党政机关、企事业单位等组织机构注册运营公众账号，生产发布高质量政务和服务信息，满足公众信息需求，推动经济社会发展。

　　《规定》要求，公众账号信息服务平台要履行企业主体责任，建立公众账号分级分类管理、生态治理、著作权保护、信用评价等制度，健全公众账号注册认证、资质审核、主体公示、动态核验、运营推广等管理措施，完善网络谣言等违法违规信息预警发现和处置机制，全面加强平台公众账号信息服务行为的基础管理和过程管理，切实维护平台内容安全、账号安全、数据安全和个人信息安全。

　　《规定》提出，公众账号生产运营者应当履行用户主体责任，建立健全内容和账号安全审核机制，加强内容导向性、真实性、合法性把关，依法依规管理运营账号，以优质信息内容吸引公众关注订阅和互动分享，不得从事恶意注册账号、编造虚假信息、煽动极端情绪、剽窃原创作品、实施网络暴力、进行敲诈勒索、买卖交易账号等违法违规行为，维护账号内容安全和清朗网络空间。

　　国家互联网信息办公室有关负责人强调，公众账号信息服务平台和公众账号生产运营者应当按照《规定》要求，切实履行责任和义务，依照相关法律法规加强自身管理，主动接受社会监督，积极营造清朗的网络空间。

思　考　题

1. 任何单位和个人不得利用国际联网制作、复制、查阅和传播哪些信息？
2. 提供互联网接入服务的单位应当落实具有哪些功能的安全保护技术措施？
3. 任何组织或者个人不得有哪些发送或者委托发送互联网电子邮件的行为？

第八章 其他有关信息安全的法律法规

除了国家发布的法律法规，我国各管理机关部门和各级政府部门也都根据各自管理内容和职责制定了和信息安全相关的法律法规。本章根据使用范围和重要性对其中的一些典型法律法规进行介绍。

8.1 其他有关信息安全的法律法规概述

8.1.1 工信部部分法律法规

我国工业和信息化部（以下简称工信部）是根据 2008 年 3 月 11 日公布的国务院机构改革方案组建的国务院组成部门。其主要职责包括拟订实施行业规划、产业政策和标准，监测工业行业日常运行，推动重大技术装备发展和自主创新，管理通信业，指导推进信息化建设，协调维护国家信息安全等。为了推进我国信息化建设和维护国家信息安全，工信部制定了较为详细的有关信息安全的法规和办法，比较典型的有：

(1)《计算机信息网络国际联网出入口信道管理办法》；

(2)《中国公用计算机互联网国际联网管理办法》；

(3)《计算机信息系统集成资质管理办法》；

(4)《互联网电子公告服务管理规定》；

(5)《公用电信网间互联管理规定》；

(6)《电信业务经营许可证管理办法》；

(7)《信息系统工程监理暂行规定》；

(8)《中国互联网络域名管理办法》；

(9)《非经营性互联网信息服务备案管理办法》；

(10)《互联网 IP 地址备案管理办法》；

(11)《电子认证服务管理办法》；

(12)《互联网电子邮件服务管理办法》；

(13)《中国互联网络信息中心域名争议解决办法》；

(14)《木马和僵尸网络监测与处置机制》；

(15)《通信网络安全防护管理办法》；

(16)《规范互联网信息服务市场秩序若干规定》。

8.1.2　公安部部分法律法规

我国公安部作为监督管理公共信息网络的安全监察工作部门，也制定了一系列与信息安全相关的规定和办法，比较典型的有：

(1)《计算机信息系统安全专用产品检测和销售许可证管理办法》；

(2)《计算机信息网络国际互联网安全保护管理办法》；

(3)《计算机病毒防治管理办法》；

(4)《联网单位安全员管理办法》；

(5)《互联网安全保护技术措施规定》；

(6)《信息安全等级保护管理办法》。

8.1.3　最高人民法院、最高人民检察院关于相关法律问题的司法解释

我国的最高人民法院和最高人民检察院也针对信息安全相关法律作出了若干司法解释，典型的有：

(1)《最高人民法院关于审理扰乱电信市场管理秩序案件具体应用法律若干问题的解释》；

(2)《最高人民法院关于审理涉及计算机网络著作权纠纷案件适用法律若干问题的解释》；

(3)《最高人民法院关于审理为境外窃取、刺探、收买、非法提供国家秘密、情报案件具体应用法律若干问题的解释》；

(4)《最高人民法院关于审理涉及计算机网络域名民事纠纷案件适用法律若干问题的解释》；

(5)《最高人民法院、最高人民检察院关于办理利用互联网、移动通信终端、声讯台制作、复制、出版、贩卖、传播淫秽电子信息刑事案件具体应用法律若干问题的解释》；

(6)《最高人民法院、最高人民检察院关于办理侵犯知识产权刑事案件具体应用法律若干问题的解释》；

(7)《最高人民法院关于审理危害军事通信刑事案件具体应用法律若干问题的解释》。

8.1.4　其他部门发布的法律法规

我国的其他部门也根据需要制定了相关的法规和管理办法，典型的有：

(1) 国务院直属特设机构制定的规章和规范：《互联网等信息网络传播视听节目管理办法》《互联网出版管理暂行规定》。

(2) 国务院直属事业单位制定的规章和规范：《电子银行安全评估指引》。

(3) 国务院部委管理的国家局制定的规章和规范：《互联网药品信息服务管理办法》《烟

草行业计算机信息网络安全保护规定》。

(4) 商务部：《商业特许经营备案管理办法》。

(5) 文化部：《互联网文化管理暂行规定》。

(6) 人民银行：《个人信用信息基础数据库管理暂行办法》《金融机构客户身份识别和客户身份资料及交易记录保存管理办法》。

(7) 审计署：《审计机关封存资料资产规定》。

8.2　计算机病毒防治管理办法

《计算机病毒防治管理办法》于 2000 年 3 月 30 日由公安部部长办公会议通过，2000 年 4 月 26 日以中华人民共和国公安部令第 51 号发布施行。全文如下：

第一条　为了加强对计算机病毒的预防和治理，保护计算机信息系统安全，保障计算机的应用与发展，根据《中华人民共和国计算机信息系统安全保护条例》的规定，制定本办法。

第二条　本办法所称的计算机病毒，是指编制或者在计算机程序中插入的破坏计算机功能或者毁坏数据，影响计算机使用，并能自我复制的一组计算机指令或者程序代码。

第三条　中华人民共和国境内的计算机信息系统以及未联网计算机的计算机病毒防治管理工作，适用本办法。

第四条　公安部公共信息网络安全监察部门主管全国的计算机病毒防治管理工作。地方各级公安机关具体负责本行政区域内的计算机病毒防治管理工作。

第五条　任何单位和个人不得制作计算机病毒。

第六条　任何单位和个人不得有下列传播计算机病毒的行为：

（一）故意输入计算机病毒，危害计算机信息系统安全；

（二）向他人提供含有计算机病毒的文件、软件、媒体；

（三）销售、出租、附赠含有计算机病毒的媒体；

（四）其他传播计算机病毒的行为。

第七条　任何单位和个人不得向社会发布虚假的计算机病毒疫情。

第八条　从事计算机病毒防治产品生产的单位，应当及时向公安部公共信息网络安全监察部门批准的计算机病毒防治产品检测机构提交病毒样本。

第九条　计算机病毒防治产品检测机构应当对提交的病毒样本及时进行分析、确认，并将确认结果上报公安部公共信息网络安全监察部门。

第十条　对计算机病毒的认定工作，由公安部公共信息网络安全监察部门批准的机构承担。

第十一条　计算机信息系统的使用单位在计算机病毒防治工作中应当履行下列职责：

（一）建立本单位的计算机病毒防治管理制度；

（二）采取计算机病毒安全技术防治措施；

（三）对本单位计算机信息系统使用人员进行计算机病毒防治教育和培训；

（四）及时检测、清除计算机信息系统中的计算机病毒，并备有检测、清除的记录；

（五）使用具有计算机信息系统安全专用产品销售许可证的计算机病毒防治产品；

（六）对因计算机病毒引起的计算机信息系统瘫痪、程序和数据严重破坏等重大事故及时向公安机关报告，并保护现场。

第十二条　任何单位和个人在从计算机信息网络上下载程序、数据或者购置、维修、借入计算机设备时，应当进行计算机病毒检测。

第十三条　任何单位和个人销售、附赠的计算机病毒防治产品，应当具有计算机信息系统安全专用产品销售许可证，并贴有"销售许可"标记。

第十四条　从事计算机设备或者媒体生产、销售、出租、维修行业的单位和个人，应当对计算机设备或者媒体进行计算机病毒检测、清除工作，并备有检测、清除的记录。

第十五条　任何单位和个人应当接受公安机关对计算机病毒防治工作的监督、检查和指导。

第十六条　在非经营活动中有违反本办法第五条、第六条第二、三、四项规定行为之一的，由公安机关处以一千元以下罚款。

在经营活动中有违反本办法第五条、第六条第二、三、四项规定行为之一，没有违法所得的，由公安机关对单位处以一万元以下罚款，对个人处以五千元以下罚款；有违法所得的，处以违法所得三倍以下罚款，但是最高不得超过三万元。

违反本办法第六条第一项规定的，依照《中华人民共和国计算机信息系统安全保护条例》第二十三条的规定处罚。

第十七条　违反本办法第七条、第八条规定行为之一的，由公安机关对单位处以一千元以下罚款，对单位直接负责的主管人员和直接责任人员处以五百元以下罚款；对个人处以五百元以下罚款。

第十八条　违反本办法第九条规定的，由公安机关处以警告，并责令其限期改正；逾期不改正的，取消其计算机病毒防治产品检测机构的检测资格。

第十九条　计算机信息系统的使用单位有下列行为之一的，由公安机关处以警告，并根据情况责令其限期改正；逾期不改正的，对单位处以一千元以下罚款，对单位直接负责的主管人员和直接责任人员处以五百元以下罚款：

（一）未建立本单位计算机病毒防治管理制度的；

（二）未采取计算机病毒安全技术防治措施的；

（三）未对本单位计算机信息系统使用人员进行计算机病毒防治教育和培训的；

（四）未及时检测、清除计算机信息系统中的计算机病毒，对计算机信息系统造成危害的；

（五）未使用具有计算机信息系统安全专用产品销售许可证的计算机病毒防治产品，对计算机信息系统造成危害的。

第二十条 违反本办法第十四条规定，没有违法所得的，由公安机关对单位处以一万元以下罚款，对个人处以五千元以下罚款；有违法所得的，处以违法所得三倍以下罚款，但是最高不得超过三万元。

第二十一条 本办法所称计算机病毒疫情，是指某种计算机病毒爆发、流行的时间、范围、破坏特点、破坏后果等情况的报告或者预报。

本办法所称媒体，是指计算机软盘、硬盘、磁带、光盘等。

第二十二条 本办法自发布之日起施行。

8.3 具有舆论属性或社会动员能力的互联网信息服务安全评估规定

2018年11月15日，国家互联网信息办公室发布《具有舆论属性或社会动员能力的互联网信息服务安全评估规定》（以下简称《安全评估规定》），于2018年11月30日起施行。全文如下：

第一条 为加强对具有舆论属性或社会动员能力的互联网信息服务和相关新技术新应用的安全管理，规范互联网信息服务活动，维护国家安全、社会秩序和公共利益，根据《中华人民共和国网络安全法》《互联网信息服务管理办法》《计算机信息网络国际联网安全保护管理办法》，制定本规定。

第二条 本规定所称具有舆论属性或社会动员能力的互联网信息服务，包括下列情形：

（一）开办论坛、博客、微博客、聊天室、通信群组、公众账号、短视频、网络直播、信息分享、小程序等信息服务或者附设相应功能；

（二）开办提供公众舆论表达渠道或者具有发动社会公众从事特定活动能力的其他互联网信息服务。

第三条 互联网信息服务提供者具有下列情形之一的，应当依照本规定自行开展安全评估，并对评估结果负责：

（一）具有舆论属性或社会动员能力的信息服务上线，或者信息服务增设相关功能的；

（二）使用新技术新应用，使信息服务的功能属性、技术实现方式、基础资源配置等发生重大变更，导致舆论属性或者社会动员能力发生重大变化的；

（三）用户规模显著增加，导致信息服务的舆论属性或者社会动员能力发生重大变化的；

（四）发生违法有害信息传播扩散，表明已有安全措施难以有效防控网络安全风险的；

（五）地市级以上网信部门或者公安机关书面通知需要进行安全评估的其他情形。

第四条　互联网信息服务提供者可以自行实施安全评估，也可以委托第三方安全评估机构实施。

第五条　互联网信息服务提供者开展安全评估，应当对信息服务和新技术新应用的合法性，落实法律、行政法规、部门规章和标准规定的安全措施的有效性，防控安全风险的有效性等情况进行全面评估，并重点评估下列内容：

（一）确定与所提供服务相适应的安全管理负责人、信息审核人员或者建立安全管理机构的情况；

（二）用户真实身份核验以及注册信息留存措施；

（三）对用户的账号、操作时间、操作类型、网络源地址和目标地址、网络源端口、客户端硬件特征等日志信息，以及用户发布信息记录的留存措施；

（四）对用户账号和通信群组名称、昵称、简介、备注、标识，信息发布、转发、评论和通信群组等服务功能中违法有害信息的防范处置和有关记录保存措施；

（五）个人信息保护以及防范违法有害信息传播扩散、社会动员功能失控风险的技术措施；

（六）建立投诉、举报制度，公布投诉、举报方式等信息，及时受理并处理有关投诉和举报的情况；

（七）建立为网信部门依法履行互联网信息服务监督管理职责提供技术、数据支持和协助的工作机制的情况；

（八）建立为公安机关、国家安全机关依法维护国家安全和查处违法犯罪提供技术、数据支持和协助的工作机制的情况。

第六条　互联网信息服务提供者在安全评估中发现存在安全隐患的，应当及时整改，直至消除相关安全隐患。

经过安全评估，符合法律、行政法规、部门规章和标准的，应当形成安全评估报告。安全评估报告应当包括下列内容：

（一）互联网信息服务的功能、服务范围、软硬件设施、部署位置等基本情况和相关证照获取情况；

（二）安全管理制度和技术措施落实情况及风险防控效果；

（三）安全评估结论；

（四）其他应当说明的相关情况。

第七条　互联网信息服务提供者应当将安全评估报告通过全国互联网安全管理服务平台提交所在地地市级以上网信部门和公安机关。

具有本规定第三条第一项、第二项情形的，互联网信息服务提供者应当在信息服务、新技术新应用上线或者功能增设前提交安全评估报告；具有本规定第三条第三、四、五项情形的，应当自相关情形发生之日起 30 个工作日内提交安全评估报告。

第八条 地市级以上网信部门和公安机关应当依据各自职责对安全评估报告进行书面审查。

发现安全评估报告内容、项目缺失，或者安全评估方法明显不当的，应当责令互联网信息服务提供者限期重新评估。

发现安全评估报告内容不清的，可以责令互联网信息服务提供者补充说明。

第九条 网信部门和公安机关根据对安全评估报告的书面审查情况，认为有必要的，应当依据各自职责对互联网信息服务提供者开展现场检查。

网信部门和公安机关开展现场检查原则上应当联合实施，不得干扰互联网信息服务提供者正常的业务活动。

第十条 对存在较大安全风险、可能影响国家安全、社会秩序和公共利益的互联网信息服务，省级以上网信部门和公安机关应当组织专家进行评审，必要时可以会同属地相关部门开展现场检查。

第十一条 网信部门和公安机关开展现场检查，应当依照有关法律、行政法规、部门规章的规定进行。

第十二条 网信部门和公安机关应当建立监测管理制度，加强网络安全风险管理，督促互联网信息服务提供者依法履行网络安全义务。

发现具有舆论属性或社会动员能力的互联网信息服务提供者未按本规定开展安全评估的，网信部门和公安机关应当通知其按本规定开展安全评估。

第十三条 网信部门和公安机关发现具有舆论属性或社会动员能力的互联网信息服务提供者拒不按照本规定开展安全评估的，应当通过全国互联网安全管理服务平台向公众提示该互联网信息服务存在安全风险，并依照各自职责对该互联网信息服务实施监督检查，发现存在违法行为的，应当依法处理。

第十四条 网信部门统筹协调具有舆论属性或社会动员能力的互联网信息服务安全评估工作，公安机关的安全评估工作情况定期通报网信部门。

第十五条 网信部门、公安机关及其工作人员对在履行职责中知悉的国家秘密、商业秘密和个人信息应当严格保密，不得泄露、出售或者非法向他人提供。

第十六条 对于互联网新闻信息服务新技术新应用的安全评估，依照《互联网新闻信息服务新技术新应用安全评估管理规定》执行。

第十七条 本规定自 2018 年 11 月 30 日起施行。

8.4 其他法律法规中信息安全相关规定简介

我国的其他法律法规中也对信息安全相关内容做了相应的规定。下面对其中重要的相关内容进行简单介绍。

8.4.1 《中华人民共和国人民警察法》中的相关内容

《中华人民共和国人民警察法》经 1995 年 2 月 28 日第八届全国人大常委会第十二次会议通过，1995 年 2 月 28 日中华人民共和国主席令第 40 号公布；根据 2012 年 10 月 26 日第十一届全国人大常委会第二十九次会议通过、2012 年 10 月 26 日中华人民共和国主席令第 69 号公布的《全国人民代表大会常务委员会关于修改〈中华人民共和国人民警察法〉的决定》修正。自公布之日起施行。1957 年 6 月 25 日公布的《中华人民共和国人民警察条例》予以废止。

《中华人民共和国人民警察法》分总则、职权、义务和纪律、组织管理、警务保障、执法监督、法律责任和附则，共 8 章 52 条。

其中，与信息安全相关的部分条款有：

第六条 公安机关的人民警察按照职责分工，依法履行下列职责：

（十二）监督管理计算机信息系统的安全保护工作。

第八条 公安机关的人民警察对严重危害社会治安秩序或者威胁公共安全的人员，可以强行带离现场、依法予以拘留或者采取法律规定的其他措施。

第十六条 公安机关因侦查犯罪的需要，根据国家有关规定，经过严格的批准手续，可以采取技术侦查措施。

8.4.2 《中华人民共和国预防未成年人犯罪法》中的相关内容

《中华人民共和国预防未成年人犯罪法》是为了保障未成年人身心健康，培养未成年人良好品行，有效预防未成年人违法犯罪制定的法律。

2020 年 12 月 26 日，《中华人民共和国预防未成年人犯罪法》由中华人民共和国第十三届全国人民代表大会常务委员会第二十四次会议修订通过，自 2021 年 6 月 1 日起施行。

其中，与信息安全相关的部分条款有：

第三条 开展预防未成年人犯罪工作，应当尊重未成年人人格尊严，保护未成年人的名誉权、隐私权和个人信息等合法权益。

第五条 各级人民政府在预防未成年人犯罪方面的工作职责是：

（二）组织公安、教育、民政、文化和旅游、市场监督管理、网信、卫生健康、新闻出版、电影、广播电视、司法行政等有关部门开展预防未成年人犯罪工作。

第二十八条 本法所称不良行为，是指未成年人实施的不利于其健康成长的下列行为：

（四）沉迷网络；

（六）进入法律法规规定未成年人不宜进入的场所；

（八）阅览、观看或者收听宣扬淫秽、色情、暴力、恐怖、极端等内容的读物、音像制品或者网络信息等。

第三十八条 本法所称严重不良行为，是指未成年人实施的有刑法规定、因不满法定刑事责任年龄不予刑事处罚的行为，以及严重危害社会的下列行为：

（五）传播淫秽的读物、音像制品或者信息等。

第六十五条　教唆、胁迫、引诱未成年人实施不良行为或者严重不良行为，构成违反治安管理行为的，由公安机关依法予以治安管理处罚。

8.4.3　《中华人民共和国未成年人保护法》中的相关内容

《中华人民共和国未成年人保护法》是由全国人民代表大会常务委员会根据《宪法》制定的、专门保护未满 18 周岁的公民的合法权益的法律，于 1991 年通过，2006 年第一次修订，2012 年修正，2020 年第二次修订，2021 年 6 月 1 日起正式施行。

现行《中华人民共和国未成年人保护法》分为总则、家庭保护、学校保护、社会保护、网络保护、政府保护、司法保护、法律责任和附则，共 9 章 132 条。该法明确各级政府应当建立未成年人保护工作协调机制，细化政府及其有关部门的职责；强化监护人的第一责任人意识，同时明确学校幼儿园的报告制度；对监护人监护、校园安全、学生欺凌、学习负担等问题，均有涉及。

《中华人民共和国未成年人保护法》作为未成年人保护领域的综合性法律，对未成年人享有的权利、未成年人保护的基本原则和未成年人保护的责任主体等作出明确规定。

其中，与信息安全相关的部分条款有：

第五章　网　络　保　护

第六十四条　国家、社会、学校和家庭应当加强未成年人网络素养宣传教育，培养和提高未成年人的网络素养，增强未成年人科学、文明、安全、合理使用网络的意识和能力，保障未成年人在网络空间的合法权益。

第六十五条　国家鼓励和支持有利于未成年人健康成长的网络内容的创作与传播，鼓励和支持专门以未成年人为服务对象、适合未成年人身心健康特点的网络技术、产品、服务的研发、生产和使用。

第六十六条　网信部门及其他有关部门应当加强对未成年人网络保护工作的监督检查，依法惩处利用网络从事危害未成年人身心健康的活动，为未成年人提供安全、健康的网络环境。

第六十七条　网信部门会同公安、文化和旅游、新闻出版、电影、广播电视等部门根据保护不同年龄阶段未成年人的需要，确定可能影响未成年人身心健康网络信息的种类、范围和判断标准。

第六十八条　新闻出版、教育、卫生健康、文化和旅游、网信等部门应当定期开展预防未成年人沉迷网络的宣传教育，监督网络产品和服务提供者履行预防未成年人沉迷网络的义务，指导家庭、学校、社会组织互相配合，采取科学、合理的方式对未成年人沉迷网络进行预防和干预。

任何组织或者个人不得以侵害未成年人身心健康的方式对未成年人沉迷网络进行干预。

第六十九条　学校、社区、图书馆、文化馆、青少年宫等场所为未成年人提供的互联网上网服务设施，应当安装未成年人网络保护软件或者采取其他安全保护技术措施。

智能终端产品的制造者、销售者应当在产品上安装未成年人网络保护软件，或者以显著方式告知用户未成年人网络保护软件的安装渠道和方法。

第七十条　学校应当合理使用网络开展教学活动。未经学校允许，未成年学生不得将手机等智能终端产品带入课堂，带入学校的应当统一管理。

学校发现未成年学生沉迷网络的，应当及时告知其父母或者其他监护人，共同对未成年学生进行教育和引导，帮助其恢复正常的学习生活。

第七十一条　未成年人的父母或者其他监护人应当提高网络素养，规范自身使用网络的行为，加强对未成年人使用网络行为的引导和监督。

未成年人的父母或者其他监护人应当通过在智能终端产品上安装未成年人网络保护软件、选择适合未成年人的服务模式和管理功能等方式，避免未成年人接触危害或者可能影响其身心健康的网络信息，合理安排未成年人使用网络的时间，有效预防未成年人沉迷网络。

第七十二条　信息处理者通过网络处理未成年人个人信息的，应当遵循合法、正当和必要的原则。处理不满十四周岁未成年人个人信息的，应当征得未成年人的父母或者其他监护人同意，但法律、行政法规另有规定的除外。

未成年人、父母或者其他监护人要求信息处理者更正、删除未成年人个人信息的，信息处理者应当及时采取措施予以更正、删除，但法律、行政法规另有规定的除外。

第七十三条　网络服务提供者发现未成年人通过网络发布私密信息的，应当及时提示，并采取必要的保护措施。

第七十四条　网络产品和服务提供者不得向未成年人提供诱导其沉迷的产品和服务。

网络游戏、网络直播、网络音视频、网络社交等网络服务提供者应当针对未成年人使用其服务设置相应的时间管理、权限管理、消费管理等功能。

以未成年人为服务对象的在线教育网络产品和服务，不得插入网络游戏链接，不得推送广告等与教学无关的信息。

第七十五条　网络游戏经依法审批后方可运营。

国家建立统一的未成年人网络游戏电子身份认证系统。网络游戏服务提供者应当要求未成年人以真实身份信息注册并登录网络游戏。

网络游戏服务提供者应当按照国家有关规定和标准，对游戏产品进行分类，作出适龄提示，并采取技术措施，不得让未成年人接触不适宜的游戏或者游戏功能。

网络游戏服务提供者不得在每日二十二时至次日八时向未成年人提供网络游戏服务。

第七十六条　网络直播服务提供者不得为未满十六周岁的未成年人提供网络直播发布者账号注册服务；为年满十六周岁的未成年人提供网络直播发布者账号注册服务时，应当对其身份信息进行认证，并征得其父母或者其他监护人同意。

第七十七条　任何组织或者个人不得通过网络以文字、图片、音视频等形式，对未成年人实施侮辱、诽谤、威胁或者恶意损害形象等网络欺凌行为。

遭受网络欺凌的未成年人及其父母或者其他监护人有权通知网络服务提供者采取删除、屏蔽、断开链接等措施。网络服务提供者接到通知后，应当及时采取必要的措施制止网络欺凌行为，防止信息扩散。

第七十八条　网络产品和服务提供者应当建立便捷、合理、有效的投诉和举报渠道，公开投诉、举报方式等信息，及时受理并处理涉及未成年人的投诉、举报。

第七十九条　任何组织或者个人发现网络产品、服务含有危害未成年人身心健康的信息，有权向网络产品和服务提供者或者网信、公安等部门投诉、举报。

第八十条　网络服务提供者发现用户发布、传播可能影响未成年人身心健康的信息且未作显著提示的,应当作出提示或者通知用户予以提示；未作出提示的,不得传输相关信息。

网络服务提供者发现用户发布、传播含有危害未成年人身心健康内容的信息的，应当立即停止传输相关信息，采取删除、屏蔽、断开链接等处置措施，保存有关记录，并向网信、公安等部门报告。

网络服务提供者发现用户利用其网络服务对未成年人实施违法犯罪行为的，应当立即停止向该用户提供网络服务，保存有关记录，并向公安机关报告。

思　考　题

1. 计算机信息系统的使用单位在计算机病毒防治工作中应当履行哪些职责？

2. 公众账号生产运营者不得有哪些违法违规行为？

3. 互联网信息服务提供者开展安全评估，需要重点评估哪些内容？

参 考 文 献

[1]　人民法院出版社．网络信息安全法律法规汇编 [M]．北京：人民法院出版社，2021．

[2]　中国法制出版社．国家安全法律法规速查通 [M]．北京：中国法制出版社，2021．

[3]　中国政府网．http://www.gov.cn．

[4]　中国人大网．http://www.npc.gov.cn．

[5]　国家法律法规数据库．https://flk.npc.gov.cn．

[6]　亿赛通数据安全 [R/OL]．浅析中外信息安全法律法规保障体系演变．http://baijiahao.
baidu.com/s?id=17115877204715591311&wfr=spider&for=pc．